북한 비핵화
어떻게 해야 하나

북한 비핵화

어떻게 해야 하나

2023년 2월 20일 초판 인쇄
2023년 2월 28일 초판 발행

지은이 | 정승기
펴낸이 | 이찬규
펴낸곳 | 북코리아
등록번호 | 제03-01240호
전화 | 02-704-7840
팩스 | 02-704-7848
이메일 | ibookorea@naver.com
홈페이지 | www.북코리아.kr
주소 | 13209 경기도 성남시 중원구 사기막골로 45번길 14
우림2차 A동 1007호
ISBN | 978-89-6324-041-1 (93390)

값 20,000원

북한 비핵화 어떻게 해야 하나

정승기 지음

North Korea's Denuclearization: What Should We do

북코리아

책을 펴내며

이 책은 북한의 핵 위험 하에 놓여있는 한반도 안보환경에서 가장 중요한 비핵화 방안에 대한 고민에서 출발하였다. 이에 대한 해답을 얻기 위해 핵포기 이론을 통해 비핵화 유형의 분석틀을 제시한 후 기존 핵포기 국가와 북한의 사례에 적용해 보았다.

먼저 이론적 고찰은 세이건 교수와 하이만스 교수의 4가지 핵포기 모델을 바탕으로 하였다. 구체적으로, 세이건의 안보동기, 규범동기, 국내정치 모델과 하이만스의 정치결정 모델을 기초로 안보환경, 국제규범, 국내정치의 3개 독립변수와 정치지도자 성향을 조절변수로 도출하였다. 그리고 각 변수들의 상관관계를 바탕으로 3가지 비핵화 유형인 화합형, 타협형, 강제형 비핵화를 제시하였다.

이론적 분석틀의 3가지 유형을 적용해 본 결과, 남아프리카공화국은 화합형 비핵화의 사례로, 이란은 타협형 비핵화의 사례로, 리비아는 강제형 비핵화의 사례로 설명되었다. 그리고 북한은 타협형 비핵화와 강제형 비핵화 2가지를 함께 적용할 수 있었다. 이에 따라 북한에 타협형 비핵화와 강제형 비핵화를 유도하기 위한 정책적 함의를 제시하였다.

이 책이 중요한 이유는 1994년부터 현재(2023)에 이르기까지 해결되지 않고 있고 최근 들어 선제 핵공격을 주장하는 등 핵 위협이 더 심각해진 한반도의 안보상황이 매우 위중하기 때문이다. 또한 기존의 비핵화 연구가 정책적 과제나 협상 및 보상방안 제시 등에 머물러 있는데 반해, 이 책은 핵포기 이론을 바탕으로 논리적으로 적용 가능한 북한의 비핵화 유형을 제시한 최초의 연구라 할 수 있다.

그리고 이 책은 향후 대북정책 수립 시에 논리적인 정책자료로 활용이 가능하다. 즉, 가능하면 한반도에 전쟁 등의 위험요인이 뒤따를 수 있는 강제형 비핵화보다는 타협형 비핵화로 북한을 유도할 수 있는 정책을 개발하고 채택해야 한다는 것이다.

합동군사대에 근무하게 된 것은 나에게는 엄청난 축복이라고 생각한다. 무엇보다 본 연구를 권유해주고 지도해 준 이성훈 박사와 교우로서 많은 부분을 도와준 최영찬 박사가 함께 근무했기 때문에 이 책의 발간이 가능했고 이 두 분에게는 특별히 감사의 마음을 전해 드린다.

또한 이 책의 발간을 위해 세심한 지도와 편달을 아끼지 않으신 존경하는 멘토이자 은사이신 김종하 교수님께 머리숙여 감사의 인사를 드리고, 열성적인 강의와 지도를 통해 이 책이 나오도록 애써주신 존경하는 마정미, 최봉완, 백강희 교수님께도 감사의 인사를 드린다.

그리고 이 책이 나오기까지 늦은 나이의 도전에 응원과 힘을 모아준 사랑하는 부모님, 아내 이운경 여사와 딸 혜원, 아들 재훈에게도 고마움을 전한다.

끝으로 이 책이 세상에 나오기까지 도움을 주신 북코리아 이찬규 대표님을 비롯한 모든 분들께 고마움을 전하며, 이 책이 북한의 비핵화를 이루는 데 조금이나마 도움이 되길 기대한다.

2023년 1월 논산 합동대에서

정승기

CONTENTS

표차례

그림차례

제1장
서 론

제1절 문제 제기 및 연구 목적

1. 문제 제기

1990년대 들어 한반도 비핵화 공동선언에서 처음 사용된 비핵화의 개념은 일반적인 의미로는 핵무기, 핵분열 물질, 핵무기 관련 핵시설과 핵지식 등 일체의 핵무기와 군사용 핵역량을 제거하는 것이라고 할 수 있다.[1]

북한 핵문제를 어떻게 슬기롭게 해결할 수 있는가? 라는 질문은 우리의 생존과 관련된 사활적으로 중요한 문제이다. 특히 2022년 5월 10일 취임한 윤석열 대통령은 취임사에서 “북한의 비핵화는 한반도에 지속 가능한 평화를 가져올 뿐 아니라 아시아와 전 세계의 평화와 번영에도 크게 기여할 것”이라고 말하면서 비핵화의 원칙으로 “선 비핵화 후

---

1 한반도 비핵화에 관한 남북공동선언은 1992년 1월 20일 대한민국 국무총리 정원식과 북한 정무원 총리 연형묵이 체결한 것으로서 남한과 북한은 한반도 비핵화를 통해 핵전쟁 위협을 제거하고 우리나라의 평화와 평화통일에 유리한 조건을 조성하며, 아시아와 세계의 평화와 안전을 위한 것이었다. 외교부, “한반도 비핵화 공동성명”, 외교부 문서, https//www.mofa.go.kr/eng/brd/ 검색일 2022. 3. 1.

지원"을 강조하였다.[2] 또한 2022년 8월 15일 광복절 경축사에서는 외교적 해법을 위해 북한 비핵화 진전에 맞춰 북한의 민생과 경제를 획기적으로 개선하는 과감하고 포괄적인 '담대한 구상'을 강조한 바 있다.[3] 하지만 북한의 비핵화는 여전히 한국과 미국의 최우선 목표로 남아 있고 그 목표를 향한 진전은 불투명하다.[4]

북한 핵문제는 제1차 북핵위기가 시작된 1993년부터 현재(2023)까지 대한민국과 국제사회의 공동노력에도 불구하고 해결되지 못하고 있다. 그 과정을 살펴보면 1993년 3월 IAEA의 특별사찰을 북한이 거부하면서 발생한 1차 북핵 위기 시 제네바 합의와 한반도에너지개발기구를 창설하여 경수로 지원을 추진하였지만 실패하였다. 이후 2002년 10월 고농축 우라늄 개발 의혹을 시인하면서 2차 북핵 위기가 발생 했을때는 6자회담을 통해 해결하려 하였으나 회담 자체가 장기 교착상태에 빠졌다.[5] 2006년 1차 핵실험을 감행하고 이후 계속된 핵실험으로 핵능력을 증강해온 것에 대해 유엔에서는 안전보장이사회 결의안을 통해 제재해

---

2 윤석열 대통령은 취임사에서 "북한이 핵개발을 중단하고 실질적인 비핵화로 전환한다면 국제사회와 협력해 북한 경제와 북한 주민의 삶의 질을 획기적으로 개선할 수 있는 담대한 계획을 준비하겠다"고 말했다. 윤성민, "자유, 북비핵화, 빠른 성장… 윤 취임사서 드러난 '국정기조'", 『중앙일보』(2022. 5. 10일자).

3 윤석열 대통령은 2022년 8월 15일 경축사에서 6가지 경제협력을 담은 대북정책 '담대한 구상'을 발표하였으며 이는 북한이 비핵화 진전시 인프라 구축에 초점을 맞춘 것이다. 신나리 · 장관석, "베일벗은 '담대한 구상'… 윤 밝힌 비핵화 6가지 인센티브는?", 『동아일보』(2022. 8. 15일자).

4 National Defense University, "NDU Korea Futures 2025 Symposium", *INSS EVENT REPORT* (29 Jun, 2020), p. 2.

5 Przystup J. James · Sanders C. Phillip, "Charting a course: Choice for a New Administration", National Defense University Press(12 Dec, 2016), pp. 181~182.

왔지만 핵개발을 막지는 못하였다.[6] 2018년과 2019년 미국의 트럼프 대통령과 북한의 김정은 위원장이 2차에 걸친 정상회담을 통해 북한의 비핵화를 추진하려 하였으나 이 또한 합의 없이 결렬되었다.[7]

2021년 9월부터 2022년 9월까지 북한은 극초음속미사일[8]과 탄도미사일 시험발사를 빙자한 도발을 감행하였으며, 2022년 4월 25일 인민군 창건 90년 열병식에서 선제 핵사용 가능성을 직접 거론하며 대남 · 대미 위협 수위를 높이고 있다.[9] 2022년 9월 8일 최고인민회의에서는 핵무력 정책 법령을 채택하여 그 안에 '5가지 핵무기 사용조건'을 명시하였다. 이는 핵사용 문턱을 크게 낮추면서 대남 핵위협 강도를 대폭 높인 것이다.[10] 랜드연구소의 부루스 베넷(Bruce W. Bennett) 등은 그들의

---

6 정성임 외 4명, "핵협상 조건과 북핵 협상의 재검토: 우크라이나, 리비아, 이란, 이라크, 인도, 파키스탄과의 비교", 『국가전략』 제22권 1호(2016), pp. 39~41.

7 Soo Kim, "North Korea's Nuclear Arsenal and Prospects for Regional Peace", RAND Blog, (16 Dec, 2021), https://www.rand.org/blog/2021/12/ 검색일 2022. 3. 1.

8 극초음속미사일은 전 세계 어느 표적이든 불과 수분내에 도달하여 공격하기 때문에 정확도가 중요하다. 그런데 이번에 북한이 발사한 것은 정확도가 높아 향후 야전에 실전 배치 시에는 군사적 대결구도를 일시에 역전시킬 수 있는 치명적인 위협이 될 것이다. 김종하, "북한의 극초음속미사일 위협", 『세계일보』(2022. 1. 14일자).

9 북한 매체들에 따르면 김정은은 연설에서 "우리 핵무력의 기본 사명은 전쟁을 억제함에 있지만 우리가 결코 바라지 않는 상황이 조성되는 경우에까지 우리의 핵이 전쟁 방지라는 하나의 사명에만 속박돼 있을 수는 없다. 어떤 세력이든 우리 국가의 근본 이익을 침탈하려 든다면 우리 핵무력은 의외의 자기의 둘째가는 사명을 결단코 결행하지 않을 수 없을 것"이라고 주장했다. 이는 외부의 재래식 무기 공격에 대한 대응은 물론 선제공격 차원에서도 핵무기를 사용할 수 있다는 의미로도 해석된다. 김성훈 · 한예경, "김정은 무력도발 폭주 "이익 침탈 땐 핵무력 결행"", 『매일경제』(2022. 4. 27일자).

10 김정은이 핵무기 사용을 법제화한 5대 조건은 '핵무기 또는 대량살상무기 공격이 감행됐거나 임박했다고 판단되는 경우', '국가지도부, 국가핵무력지휘기구에 대한 적대세력의 핵,비핵 공격이 감행됐거나 임박했다고 판단되는 경우', '중요 전략적 대상들에 대한 치명적인 군사적 공격이 감행됐거나 임박했다고 판단되는 경우', '유사지 전쟁 확대, 장기화를 막고 전쟁 주도권을 장악하기 위한 작전상 필요가 불가피한 경우', '기타 국가의 존립,인민의 생명 안전에 파국적 위기를 초래하는 사태가 발생해 핵무기로 대응할 불가피한 상황이 조성되는 경

논문 '북핵 위협 어떻게 대응할 것인가'(Countering the Risk of North Korean Nuclear Weapon, 2021)에서 북한이 2027년도까지 약 200여 개의 핵무기와 수백여 개의 탄도미사일 생산이 가능할 것으로 추정했다.[11]

사실 북한 핵문제 해결의 핵심국가는 한국이고 또 핵 위험하에 놓여 있는 대상도 한국이다. 하지만 우리는 북한의 비핵화를 미국과 국제사회의 문제로 인식하거나, 혹은 이미 핵보유 국가로 인정하면서 비핵화가 어렵다고 포기하는 듯한 경향도 많이 보이고 있다. 일례로 2021년 아산정책연구원에서 발행된 한국인의 외교안보의식에서 우리 국민의 93%는 북한이 핵을 포기 하지 않을 것이라고 응답하였던 것을 들 수 있다.[12]

1970년 비핵화 레짐이 가동된 이후 전 세계의 많은 국가들이 핵을 개발하였다. 그 가운데 일부 국가는 핵무력을 완성하고 또 다른 일부 국가는 핵을 포기하여 비핵국가가 되기도 하였다. 그런데 여기에서 제기되는 한가지 질문은 왜 특정 국가들은 핵을 포기하고 비핵국가가 되기를 원하였는가? 이다. 이들이 어떤 이유로 핵을 포기하였는지에 관한 결정을 내린 배경과 그 원인을 살펴보는 것은 한반도의 비핵화 추진 즉, 북한이 핵을 포기하도록 유도하는 데 필요한 정책적 시사점을 모색하는

우'이다. 박휘락, "북한의 '핵무력 정책법' 법안 공표의 의미와 대응방향", 『2022 북핵대응연구회 세미나』(2022. 9. 30), pp. 11~12.

11 Bennett W. Bruce · Kang Choi · Myong Hyun Go · Bechtol E. Bruce Jr · Jiyoung Park · Klingner Bruce · Duhyeon Cha, "Countering the Risk of North Korean Nuclear Weapon" RAND Corporation(April, 2021), p. 2.

12 아산정책연구원과 서울대 통일평가연구원이 조사한 우리 국민의 비핵화 전망을 보면 북한이 핵을 포기하지 않을 것이라는 부정적인 응답이 93%에 달했으며, 이에 따른 북한의 핵무기 불안에 대한 한국의 핵무장 필요성에 대한 공감으로 응답자의 69.3%가 한국의 독자적인 핵개발을 지지했다. 제임스김 · 강충구 · 함건희, "한국인의 외교안보 인식: 2010~2020년 아산연례조사결과", 『아산리포트』, 아산정책연구원(2021. 9), p. 32.

데 있어 대단히 중요한 일이라 할 수 있다. 특히, 핵을 포기한 국가 중에는 서로 다른 동기에 의해서 핵을 포기하게 되고 그것들의 상관관계를 이론적으로 살펴볼 수 있다면 북한의 비핵화를 위한 논리적인 근거를 마련할 수 있는 좋은 기회가 될 것이다.

그런데 그동안 비핵화 방안의 연구물 중에 이론적 분석틀을 이용하여 논리적으로 북한에 적용 가능한 비핵화 유형을 제시한 연구는 거의 없었다. 대부분은 핵을 포기한 국가들의 사례를 살펴보고 북한의 비핵화를 위한 정책과제, 협상 및 보상방안을 제시하는 연구들이다. 이런 점을 감안했을 때 핵을 포기한 국가들의 사례에 비추어 이론적 분석틀을 이용한 비핵화 연구는 학술적으로 반드시 필요하다고 할 수 있다. 그래야만 북한에 적용 가능한 비핵화 유형에 더 논리적으로 접근할 수 있기 때문이다.

2. 연구 목적

본 연구의 목적은 핵포기 이론을 통해 이론적 분석틀을 제시하고 여기서 나온 비핵화 유형을 핵포기 국가들의 사례에 적용해 논리적으로 검증한다. 그리고 그 결과를 바탕으로 북한에 적용 가능한 비핵화 유형과 정책적 함의를 제시하는 데 있다. 이 연구가 중요한 것은 북한이 핵 선제사용을 주장하는 2023년 현재 상황에서도 비핵화는 대한민국의 최우선 전략목표(과제)인 것은 변함없는 사실이기 때문이다. 따라서 윤석열 정부에서도 북한 비핵화를 위해 담대한 구상을 정책 기조로 강조하고 있다. 또한 본 연구에서 제시하는 정책적 함의는 향후 우리 정부가 북한에 대한 핵전략 수립 및 대응방책을 수립하는데 있어서도 대단히 유용하게 활용 될 수 있을 것이다.

연구목적을 달성하기 위한 이론적 논의에서는 핵포기 이론을 활용한다. 핵포기 이론은 크게 4가지 모델이 있는데 그것은 바로 '안보동기모델', '규범동기모델', '국내정치모델', '정치결정모델'이다.[13] '안보동기모델'은 안보위협이 사라졌을 때 핵을 포기할 가능성이 높다는 것이며, '규범동기모델'은 국제사회의 지위를 갖기 위해 각종 제재를 감수해야 하는 핵을 포기할 가능성이 높다는 것이다. '국내정치모델'은 국내정치적 환경에 의해 핵을 포기한다는 것이며, '정치결정모델'은 각 국가의 정치지도자의 성향 등이 핵포기에 영향을 준다는 것이다. '안보동기모델'을 기초로 안보환경, '규범동기모델'에서 국제규범, '국내정치모델'에서 국내정치, '정치결정모델'에서 정치지도자의 성향을 비핵화를 위한 핵심변수로 선정해 이들이 어떻게 핵을 포기하는 데 있어 영향을 끼치는지 고찰한다. 이런 핵심변수들 간의 상관관계를 통해 제기하고자 하는 주요 연구문제는 크게 3가지이다.

첫째, 핵포기 이론에서 도출한 안보환경과 국제규범, 국내정치, 정치지도자의 성향은 핵개발 국가의 비핵화 동기에 실질적으로 영향을 주었는가?

둘째, 핵포기 이론에서 도출한 안보환경, 국제규범, 국내정치, 정치

---

13 핵 포기 이론으로 적용 가능한 핵무장 동기와 관련된 잘 알려진 연구들로는 Scott D. Segan, "Why Do States Build Nuclear Weapons: three models in search of a Bomb", *International Security*, Vol. 21, No. 3(winter, 1996/1997); Jacques E. C. Hymans, "The Psychology of Nuclear Proliferation: Identity Emotions and Foreign Policy" *Peace Research: the Canadian journal of peace and conflict studies*, Vol. 38, No. 1 (2006) 등이 있다.

지도자의 성향의 상관관계를 통해 비핵화 유형을 설명할 수 있는가?

셋째, 이론적 분석틀을 이용한 3개의 비핵화 유형을 핵포기를 단행한 각 국가와 북한 핵포기 문제에 적용할 수 있는가? 이다.

학술적 차원에서 이론적 틀을 바탕으로 북한에 적용 가능한 비핵화 유형을 제시하는 연구는 북한의 비핵화 관련 연구를 확장시키는 데 크게 기여할 수 있을 것으로 생각된다.

제2절 연구범위 및 방법

1. 연구범위

핵포기 이론을 통해 3가지 비핵화 유형을 제시하기 위한 유용성과 논리성을 갖추기 위해, 본 연구는 핵포기 이론을 선도적으로 연구한 세이건(Segan D. Scott)과 하이만스(Hymans E. C. Jacques)의 이론을 토대로 연구를 진행한다.

세이건은 핵포기의 3대 모델인 안보동기, 국제규범, 국내정치 모델을 주장한 학자였고, 하이만스는 정치결정모델 즉, 정치지도자의 성향이 핵포기에 지대한 영향을 끼친다고 주장하였다.

물론 세이건과 하이만스의 이론은 핵보유 동기 이론이다. 하지만 핵보유 동기 이론과 핵포기 이론은 동전의 양면과 같아서 동일하게 적용 가능하다고 할 수 있다. 따라서 이런 주장을 하는 전문가들의 의견을 토대로 핵보유 동기 이론을 핵포기 이론에 동일하게 적용해 분석틀을

작성한다.[14]

사례분석은 남아공, 이란, 리비아만을 대상으로 분석하였다. 사례를 이 국가들로 선정한 이유는 다음과 같다.

첫째, 이 국가들의 경우에는 핵을 개발했거나 핵개발 프로그램을 추진하다 포기한 국가들로서 이론적 분석틀을 이용해 비핵화 유형을 적용하기에 적절한 사례라고 판단하였기 때문이다. 단 이란의 경우에는 타협을 통한 핵합의가 성과를 거둔 것을 고려하여, 미국이 '포괄적 공동행동계획'(JCPOA)[15]을 탈퇴한 현재의 상황을 고려하지 않고 미국 및 국제사회와 JCPOA를 체결한 기간인 2015년까지만 연구 범위로 설정한다.

둘째, 최근 러시아와 우크라이나 전쟁이 발발하면서 우크라이나가 핵을 포기한 것이 전쟁에 미치는 영향에 대해 많은 의견이 있다. 우크라이나 등 구소련 3개국을 핵포기 사례 국가 분석에서 제외한 이유는 이들은 소련이 붕괴되면서 자연스럽게 핵을 인계받은 국가로서 핵개발 과정 자체가 없었기 때문이다.

셋째, 이라크를 사례연구에서 제외한 이유는 여러 의심되는 정황은 많았지만[16] 핵개발 여부가 불투명한 국가로 판단되었기 때문이다.

---

14 전봉근은 핵무장 동기와 핵포기 동기를 같은 이유로 설명하며 이 2가지가 동전의 양면과 같아 핵무장 동기와 핵포기 동기를 동일하게 적용해서 분석해도 된다고 주장하였다. 전봉근, 『비핵화의 정치』(서울: 명인문화사, 2020), p. 73.

15 이란 핵문제 해결을 위한 포괄적 공동행동계획(JCPOA)은 2015년 7월 체결된 이란과 미국, 러시아, 중국, EU, 프랑스, 영국, 독일의 협의문으로 이란의 핵개발 프로그램을 포기하는 대가로 미국, EU의 경제제재를 해제하는 내용을 담고 있음, 김경숙, "미국의 이란 핵합의 탈퇴 이후 미 · 이란 갈등 분석 및 전망", 국가안보전략연구원(2020), p. 1.

16 부시 행정부는 '저지하지 않으면 이라크가 무기급 핵분열물질을 획득한 지 1개월에서 1년 사이에 핵무기를 만들 수 있을 것'으로 확신했다. 김영민, "부시, 국무부 의혹 불구 이라크 핵기도 주장", 『한국경제』(2006. 4. 4일자).

종합적으로 핵포기 사례국가 선정은 핵개발 과정, 비핵화 레짐 영향, 실제 핵포기 등을 고려하여 선정하였으며 이를 정리한 표는 〈표 1-1〉과 같다.

〈표 1-1〉 핵포기 사례 국가 선정 시 고려요소

국 가	고려요소			선 정
	핵개발 과정	비핵화 레짐 영향	실제 핵포기	
남아공	○	○	○	○
이 란	○	○	○	○
리비아	○	○	○	○
구소련 3국	×	△	○	△
이라크	×	○	×	×

이 책은 북한이 핵을 포기하지 않을 것이라는 많은 주장[17]에도 불구하고 북한의 비핵화가 한반도의 최우선 당면과제임을 고려하여 그것을 어떻게 유도할 것인지에 중점을 둔다. 그리고 기존의 사례들과는 다르게 특수환경을 환경적 변수로 포함한다. 그 이유는 연구에서 궁극적으로 제시하고자 하는 정책적 함의를 도출하기 위해서는 북한의 특수환경을 반드시 고려할 수밖에 없기 때문이다.

17 주요 언론기사들은 북한이 러시아와 우크라이나 전쟁을 지켜보며 핵을 포기하지 않을 이유를 찾았다고 보도하고 있다. 최석진, "북한이 우크라이나 전쟁에서 보고 배우는 것들… '절대 핵무기 포기 안 된다' 잘못된 신념 심화 우려", 『위키리스크 한국』(2022. 5. 11일자); 김효진, "우크라이나 전쟁 북한 핵 보유의 숨쉴 공간 줬다", 『프레시안』(2022. 4. 11일자).

2. 연구방법

이 책은 북한의 비핵화 적용방안을 3단계 절차를 통해 진행한다.

1단계는 핵포기 이론을 통해 독립변수인 안보환경, 국제규범, 국내정치와 조절변수인 정치지도자의 성향을 선정한다. 이후 3가지 비핵화 유형인 화합형 비핵화, 타협형 비핵화, 강제형 비핵화를 이론적 분석틀로 제시한다.

2단계는 사례연구를 통해 핵을 포기한 국가들을 이론적 분석틀로 분석하여 종속변수인 3가지 비핵화 유형을 논리적으로 검증한다.

3단계는 사례연구를 통해 검증된 이론적 분석틀을 북한에 적용하여 적용 가능한 즉, 정책적 적시성이 높은 비핵화 유형과 함의를 제시한다.

연구방법은 사례연구에 기초한 질적 연구방법을 활용한다. 질적 연구임에도 논문의 논리적 전개를 위해 양적 연구방법에서 널리 활용하는 변수도출 즉, 핵포기 이론에서 독립변수와 조절변수를 도출하고, 종속변수인 3가지 비핵화 유형을 제시한다. 또한 변수들간의 상관관계를 이용한 이론적 분석틀을 활용해 사례연구를 진행한다.

사례연구는 핵을 포기한 남아공, 이란, 리비아 등의 각 국가를 대상으로 한 다중사례를 연구한다. 그리고 분석수준(Level of Analysis)은 어느 하나의 분석수준으로는 만족스러운 설명을 가져올 수 없다는 전제하에 이들을 절충적으로 연계시켜 어떻게 일관된 하나의 틀 속에 연결지어 설명할 수 있는가를 고려한다.[18] 케네스 왈츠(Kenneth N. Waltz)가 제시한

18 Singer David, "The Level of Analysis Problem in International Relations", *World Politics*, Vol. 14, No. 1(1961), Cambridge University Press(18 July, 2011), p. 78.

3가지 분석수준, 즉 국제체제, 국가, 그리고 개인적 수준을 강조하는 분석을 효과적으로 연계시켜서 비핵화 유형을 설명한다.

케네스 왈츠는 개인 또는 국가중심 수준에서 원인을 찾는 이론을 환원적이라고 하고 국제적 수준에서 작용하는 원인들을 고려하는 이론을 체계적인 것이라고 하였다.[19] 본 연구는 국제정치이론 중 환원적 이론과 체계적 이론을 혼합해 북한에 적용 가능한 비핵화 유형을 궁극적으로 찾는 연구라 할 수 있을 것이다. 안보환경과 국제규범은 국제체제적, 국내정치는 국가적 수준으로 제시하며, 정치지도자의 성향은 개인적 수준을 적용하여 연구를 진행한다.

변수들간의 관계를 통한 연구모형 설정 절차는 다음과 같다.

독립변수인 안보환경, 국제규범, 국내정치 가운데, 우선 안보환경은 국제관계와 군사적 위협으로 분류하고, 사례국가의 국제관계와 군사적 위협이 비핵화 동기에 미치는 영향을 평가한다. 국제규범은 비핵화 레짐과 국제사회의 제재와 보상으로 분류하고 사례국가의 비핵화 레짐과의 관계, 국제사회의 제재와 보상이 비핵화 동기에 미치는 영향을 평가한다. 국내정치는 정권유지와 체제안정으로 분류하고 사례국가의 정권유지와 체제안정이 비핵화 동기에 미치는 영향을 평가한다.

조절변수인 정치지도자의 성향은 온건/합리적인 성향과 중도성향, 강경/비합리적인 성향으로 분류하고 정치지도자의 성향이 비핵화 동기에 미치는 영향을 평가한다.

이 변수들의 상관관계에 영향을 받는 종속변수인 비핵화 유형은

19 Waltz N. Kenneth, "Theory of International Politics", University of California Berkeley, Addison Wesley Publishing Co (1979), p. 35.

화합형 비핵화, 타협형 비핵화, 강제형 비핵화로 나타나며 독립변수, 조절변수, 종속변수의 관계를 종합한 연구모형은 〈표 1-2〉와 같다.

참고한 자료는 먼저 정부 문서로 국방부에서 발행한 2020년 국방백서, 외교부에서 발행한 남북 공동선언문 관련 외교문서, 국회사무처에서 발행한 북한의 대내외 정책연구보고서가 있다. 또한 국제기구인 IAEA(국제원자력기구)에서 발행한 북한과의 NPT 협상 관련 이행자료, 유엔(국제연합)에서 발행된 북한에 대한 유엔안전보장이사회 결의안 등을 들 수 있다. 추가로 비핵화, 북한의 핵, 비핵화 레짐과 관련된 단행본, 남아공, 이란, 리비아의 핵포기와 관련된 국내외 논문, 핵포기 사례국가와 북한의 비핵화와 관련된 국내외 연구기관의 연구보고서, 북한의 핵 위협 및 비핵화와 관련된 국내외 신문자료, 인터넷 자료 등을 참고하였다.

〈표 1-2〉 연구 모형

독립변수	조절변수	종속변수
안보환경의 비핵화 동기 - 국제관계 - 군사적 위협	정치지도자 성향 온건/합리	화합형 비핵화
국제규범의 비핵화 동기 - 비핵화 레짐 - 국제사회 제재/보상	↕ 중도	타협형 비핵화
국내정치의 비핵화 동기 - 정권유지 - 체제안정	강경/비합리	강제형 비핵화

3. 책의 구성

이 책은 7개의 장으로 구성한다. 제2장에서는 이론적 논의와 분석틀을 제시한다. 이론적 배경은 비핵화와 관련된 용어의 정의, 핵포기 이론 분석, 선행연구에 대한 검토 및 고찰, 이론적 분석틀로 구분한다.

제3장에서는 남아공의 사례를 연구한다. 남아공의 핵개발부터 핵포기까지의 과정을 개관하고 이론적 분석틀에 의해 분석한 결과로 화합형 비핵화의 사례에 해당되는지를 검증한다.

제4장에서는 이란의 사례를 연구한다. 이란의 핵개발부터 핵포기까지의 과정을 개관하고 이론적 분석틀에 의해 분석한 결과로 타협형 비핵화의 사례에 해당되는지를 검증한다.

제5장에서는 리비아의 사례를 연구한다. 리비아의 핵개발부터 핵포기까지의 과정을 개관하고 이론적 분석틀에 의해 분석한 결과로 강제형 비핵화의 사례에 해당되는지를 검증한다.

제6장에서는 북한에 적용 가능한 비핵화 유형으로 타협형 · 강제형 비핵화를 제시한다. 북한의 핵개발 동기와 과정, 핵능력을 개관하고 기존의 국가와는 다르게 북한의 특수환경을 살펴본다. 이후 이론적 분석틀에 의해 분석한 결과 타협형 · 강제형 비핵화 유형 적용이 가능하다는 것과 정책적 함의를 제시한다.

제7장에서는 제기했던 연구결과를 요약하고 연구의 의의와 한계를 논의한 후 향후 후속연구의 필요성을 제시한다.

제2장
이론적 논의와 분석틀

이 책에서 주장하고자 하는 핵심 이론은 핵포기 이론이다. 많은 국제정치 전문가들 중에서 핵포기와 관련된 이론을 제기한 인원은 앞에서 언급한 것처럼 손에 꼽을 정도로 적다. 이는 핵포기 이론과 관련된 실질적인 연구가 많지 않은 이유도 있지만 세이건, 하이만스와 같은 학자들이 주장한 이론에 대해 반박할 수 있는 새로운 이론이 제기되지 못하고 있기 때문이다.

제1장에서 논의한 바와 같이 세이건과 하이만스의 핵포기 이론을 통해 핵심변수 즉, 독립변수인 안보환경, 국제규범, 국내정치를 도출하고 조절변수인 정치지도자의 성향을 도출한다. 이후 독립변수와 조절변수의 상관관계를 분석하여 종속변수인 비핵화 유형 즉, 화합형 비핵화, 타협형 비핵화, 강제형 비핵화를 제시한다.

핵포기 이론이 소수라는 점을 감안할 때 한편으로는 학문적 측면에서 도전적인 작업임이 분명하지만 다른 한편으로는 핵포기 이론을 바탕으로 한 분석틀을 이용해 북한에 논리적으로 적용 가능한 새로운 비핵화 유형을 제시한다는 점에서 큰 의의가 있는 연구라 할 수 있다.

제2장의 구성은 먼저 1절에서 핵비확산 관련한 주요 개념인 핵비확산, 비핵화, 핵포기, 핵폐기 등에 대해 정의한다. 이러한 개념적 논의를 바탕으로 2절에서는 핵포기 이론의 독립변수인 안보환경, 국제규범, 국내정치와 조절변수인 정치지도자의 성향을 도출하여 이들이 종속변수인 비핵화 유형과 어떠한 상관관계가 있는지를 설명한다. 3절에서는 선행연구를 검토 및 고찰하여 본 연구가 선행연구와의 차별성을 부각할 것이며 4절에서는 독립변수인 안보환경, 국제규범, 국내정치와 조절변수인 정치지도자의 성향으로 핵포기 국가의 비핵화 3개 유형을 설명하기 위한 이론적 분석틀을 제시한다.

제1절 주요 개념 정의

이 절에서 제시할 핵심개념은 핵비확산, 비핵화레짐 다자체제인 NPT, IAEA, 비핵화, 핵포기(폐기)로 요약될 수 있다. 핵확산의 반대 개념인 핵비확산은 어떻게 정의되며 핵확산에서 핵비확산으로 되돌아가는 조치 또는 상태의 개념인 비핵화, 핵포기는 어떤 개념인지를 제시한다.

1. 핵비확산

핵비확산은 핵확산과 반대되는 개념이다. 이는 핵무기, 핵분열 물질, 핵무기 기술 등의 확산을 저지하거나 자제하는 일체의 조치 또는 그런 상태를 말한다. 그것은 비핵국이 무기용 핵활동, 핵분열 물질, 핵무기 제조와 획득 등을 추구하지 않거나 또는 핵국이 비핵국에게 이를 이전

하지 않는 2개의 경우를 모두 포함한다.[1]

사실 핵비확산이라는 용어는 핵정책 연구에서 오랜 기간 통용되어 왔고 보편적으로 사용하는 개념이라 할 수 있다. 핵비확산 체제는 핵무기의 수평적 또는 수직적 확산 방지를 위한 조약과 제도 그리고 조치를 총칭하는 표현이다.[2] 확산 방지란 어느 시점 기준으로 그때까지 보유한 핵무기는 인정하되 더 이상의 수평적 및 수직적 확산을 막는다는 뜻을 지닌다. 따라서 핵비확산은 핵무기 수를 감축해나가는 핵군축과는 구별되는 개념이라 할 수 있다. 핵비확산이 왜 필요한지에 대한 인식은 핵무기가 나타남과 동시에 시작되었다고 할 수있다. 여기에는 핵무기를 보유하는 국가가 증가하거나 핵무기 수의 증가와 성능 향상에 따라 우발 또는 고의적인 핵전쟁 발생 가능성이 커진다는 전제가 포함되어있는 것이다.[3] 그렇기 때문에 핵비확산 체제는 미국이 1945년 7월 핵무기 개발에 성공한 후부터 구축되어 핵무기 확산 방지를 위한 다층적, 다각적 체제로 지금까지 발전해왔다.[4] 수평적 확산 방지를 목적으로 한 다자체제로는 핵확산금지조약인 'NPT', 국제원자력기구 'IAEA'가 있다.

---

1 Robinson M. "Nuclear Non-Proliferation and Disarmament", *The ELDERS*, Policy Paper(22 Nov, 2019), p. 24.

2 수평적 확산이란 핵무기를 보유하는 국가의 증가를 의미하고 수직적 확산이란 핵보유국의 핵무기 수가 증가하거나 성능이 향상되는 것을 의미한다. 백진현, 『핵비확산 체제의 위기와 한국』(서울: 오름, 2010), p. 43.

3 이러한 시각은 1961년 아일랜드의 제안에 의해 유엔총회의 결의로 채택되었다. United Nations, "Prevention of the Wider Dissemination of Nuclear Weapons", UNGA Res, 1665(4 Dec, 1961), https://www.digitallibarry.un.org/record/ 검색일 2022. 3. 4.

4 백진현, 『핵비확산 체제의 위기와 한국』, pp. 43~44.

2. 핵확산금지조약(NPT)

NPT는 1968년 냉전 하 미국, 소련, 영국 3개국을 수탁국으로 체결하였다. 이후 1970년 3월 5일 규정에 따라 43개국(수탁 3국과 다른 40개국)의 비준서 기탁과 함께 효력이 발생한 다자 핵군비통제 레짐이다.[5]

NPT는 핵확산을 방지하기 위한 목적으로 1967년 1월 1일 기준, 회원국을 핵보유 5개 국가인 미국, 영국, 프랑스, 소련, 중국과 핵 미보유 국가로 분류하고 있다.

조약의 내용은 첫째, 1967년 평화를 위한 원자를 기치로 창설된 국제원자력기구(IAEA)의 핵안전조치를 기저로 한 핵확산 억제, 둘째, 원자력의 평화적 이용, 셋째, 기존 핵보유 국가들의 장기적 군축을 목표로 한다.[6]

5년 주기로 진행되어온 NPT 회원국들의 평가회의는 레짐으로서 NPT에 내재하는 독특한 운용기재이다. 1975년 개최된 제1차 평가회의 이후 5년마다 4주간(4~5월) 유엔본부가 있는 뉴욕에서 개최됐다. 평가회의의 기능은 첫째, NPT 규정과 5년 전 평가회의에서 결정한 사항이 제대로 이행되었는지에 대한 평가 둘째, NPT의 목표를 강화하고 이행하기 위한 제언 등을 포함한 최종 합의문 도출이다. 지금까지 9회의 평가회의 중 4회는 합의문 도출에 성공했고(1975, 1985, 2000, 2010), 5회는 불발됐다.[7]

---

5 정은숙, "글로벌 핵비확산레짐 50년: NPT 평가회의의 성과와 한계", 세종연구소, 『세종정책연구』(2010. 10. 6), pp. 7~9.

6 Dr. Farooq Sadaf · Bukhari Saiqa, "Problem and Prospects of Non-Proliferation Regime", *JSSA*, Vol. 4, No. 1 (Jan, 2018), p. 112.

7 최종합의문의 주요 내용은 1975년 조약지지 재확인, 확산저지 준수, 미소 군축환영 및 노력 독려, 회원국 증대 환영 및 보편성 필요가 포함되었고, 1985년 조약목적 지속지지, 국제평

코로나 사태로 7년 만에 개최된 2022년 NPT 평가회의는 '북 핵활동 중단 촉구'를 포함한 최종문서의 합의를 추진했지만 채택이 불발됐다.[8]

3. 국제원자력기구(IAEA)

미국 아이젠하워 대통령은 1953년 제8차 유엔총회 연설을 통해 원자력의 평화적 이용을 증진하고 핵물질의 국제적 관리를 위해 국제원자력기구의 설립을 제안하였다.

국제원자력기구의 헌장 초안은 1956년 9월 20일부터 10월 26일까지 유엔본부에서 개최되어 만장일치로 채택되었다. 이후 1957년 7월 29일 26개국의 비준서를 기탁한 상태에서 헌장이 발효됨으로써 IAEA가 공식적으로 발족되었다. IAEA의 설립 목적은 크게 2가지이다.[9] 첫째, 전 세계의 평화 및 보건과 번영을 위해 원자력의 기여를 촉진하고 확대하기 위해 노력한다. 둘째, IAEA의 통제와 감독 하에서 지원된 원조가 어떤 군사적 목적을 위해서도 이용되지 않도록 하는 것이다.

이런 점에서 IAEA는 평화적인 원자력 이용을 적극적으로 촉진시키고 지원하는 기구임과 동시에 이 지원이 군사적 목적으로 전용되지

화와 안보에의 긴요성 확신, 레짐 강화 목표 권고가 포함되었음. 2000년 13개 실천스텝 합의가 포함되었고 2010년 액션플랜 합의가 포함되었음. 정은숙, "글로벌 핵비확산레짐 50년: NPT 평가회의의 성과와 한계", p. 23~28.

8 연합뉴스, "러시아 반대로 NPT 평가회의 결과문 채택 불발"(2022. 8. 27일자).

9 IAEA, "STATUTE"(28 Dec, 1989), p. 5.

않도록 억제하는 역할을 하는 기구라고 할 수 있다. IAEA의 기능은 3가지가 있다. 그것은 원자력의 평화적 이용 증진, 안전조치 적용, 원자력 안전의 확보이다. 이중 안전조치 적용에 투입되는 예산 및 인력 등 자원이 전체의 50% 정도로 안전조치가 주요 임무가 되고 있다.[10]

4. 비핵화

비핵화는 국제법적, 학술적 전문용어가 아니다. 비핵화란 용어는 냉전기 동중유럽의 핵무기 배치와 관련하여 일시적으로 사용된 후 완전히 사라졌다. 그러다가 1990년대 들어 한반도 비핵화 공동선언(1991)에서 사용되면서 널리 통용되기 시작했다.

사실 한반도 비핵화 공동선언에도 비핵화 개념은 명확하게 정의되어 있지 않다. 다만 여기서 남과 북은 핵무기 시험, 생산, 보유, 획득을 금지하고 농축재처리 시설도 보유하지 않기로 합의했었다. 따라서 일반적으로 비핵화는 핵무기, 핵분열 물질, 핵무기 관련 핵시설과 핵지식 등 일체 핵무기와 군사용 핵역량을 제거하는 것을 말한다. 따라서 비핵화는 정치적 용어로 보아야 하고 그 정의도 장소와 시기에 따라 가변적이라 할 수 있다.

'한반도 비핵화'와 '북한 비핵화' 이 2가지 용어는 보기에는 차이가 없어 보이지만 비핵화의 최종목표를 명확하게 설정하는데 있어 중요하

---

10 IAEA, "STATUTE"(28 Dec, 1989), p. 6.

게 적용된다. 우리 정부가 공식적으로 사용하고, 2017년 문재인-트럼프의 한·미 공동성명에는 "북핵 해결을 최우선적으로 추진하고, 완전하고 검증이 가능하며 불가역적인 한반도의 비핵화 공동목표를 평화적인 방식을 이용하여 달성"이라는 내용이 포함되어 있다.[11] 여기서 사용된 한반도 비핵화는 남북이 합의한 1992년 '한반도 비핵화 공동선언'의 내용을 기초로 하고 있다. 이는 한반도에서 모든 핵무기 및 핵제조 프로그램을 완전 폐기하고 향후에도 일체 보유하지 않는다는 것을 의미한다. 북한의 비핵화는 남한이 핵프로그램이 없기 때문에 핵폐기를 강조하는 용어이다.[12]

따라서 본 연구에서 주장하는 북한 비핵화는 핵폐기를 지칭하는 용어로 사용한다.

5. 핵포기(핵폐기)

핵포기는 학계에서 사용하는 학술용어나 전문용어가 아니다. 단지 핵을 포기하는 상태나 행동을 기술하는 용어에 불과하다. 하지만 학계에서 통용되는 별도의 전문용어가 없는 상황에서 그나마 핵포기 용어가

11 U.S Embassy & Consulate, "Joint Press Release by U.S-ROK: President Donald Trump's State Visit to the Republic of Korea"(7 Nov, 2017), https://www.kr.usembassy.gov/ 검색일 2022. 3. 4.

12 신융아 · 김현주, "또 비핵화용어 논란… 한반도의 비핵화, 북한의 비핵화, 비핵지대화의 차이점은?", 『서울신문』(2021. 5. 26일자).

직관적이어서 본 연구에서는 이 개념을 사용한다.

핵폐기는 비핵화 또는 핵포기의 결정 이후 실제 핵무기와 관련 시설 등을 폐기하는 것을 말한다. 비핵화의 핵포기가 정치적, 정책적 의미를 갖는 반면 핵폐기는 실행적, 기술적 의미를 갖는다.

제2절 핵포기 이론

국가들이 왜 핵무장 또는 핵포기를 선택하는지는 정책입안자, 외교관, 학자 등 전문가들의 오랜 관심사였다. 일례로 미국의 전 국방부 부장관과 정보 부국장을 지낸 존 마크 더치(John M. Deutsch)는 자신의 논문 '새로운 핵위협'(The New Nuclear Threat, 1992)에서 국가들이 핵무기를 가지려는 근본적인 동기를 국가안보의 향상에서 찾고자 하였다.[13]

그는 "핵무기를 개발하는 모든 국가들의 기본적인 동기는 국가안보가 향상될 것이라는 인식에서 출발하였다. 그리고 대부분의 국가는 핵무기를 선호한다. 왜냐하면 그 무기가 매우 파괴적이고 그 국가에게 상징적인 지위를 갖게 하기 때문이다"라고 하면서 핵무기 보유의 안보동기를 강조한 바 있다.

---

13 Deutsch M. John, "The New Nuclear Threat", *Foreign Affairs*, Vol. 71, No. 41(Fall, 1992), pp. 124~125.

또한 스탠포드 대학의 국제안보협력센터 임원인 마이클 메이(Michael M. May)는 그의 논문 '핵무기 공급과 수요'(Nuclear Weapon Supply and Demand, 1994)에서 핵무기 공급에 영향을 미치는 요소들과 비확산정책을 지지하기 위해 고려해야 할 정책과제를 제시하였다.[14]

> 그는 공급에 영향을 미치는 요소로는 "농축 우라늄과 플루토늄 수량, 핵무기를 만드는 데 필요한 기술 및 시설, 핵보유국이 되기 위한 비용, 국제 비핵화 레짐 역할, 핵무기 수요"를, 새로운 핵비확산 정책을 지원하기 위한 정책과제로 "미 · 일과 NATO 동맹의 중요성, 1995년 핵확산 금지조약을 강화하기 위한 핵보유 국가들 간의 추가 합의, 핵비확산 레짐의 가치, 핵억제력 유지" 등을 강조하였다.

그러나 의외로 이에 대한 체계적이고 이론적인 연구는 그리 많지 않다. 특히 핵포기의 동기와 배경에 대한 체계적인 연구는 거의 찾기가 힘들다. 이런 점을 염두에 두고 본 연구에서는 핵포기 이론을 적용시키기 위해 각 국가의 핵무장 동기인 안보환경, 국제규범, 국내정치, 정치지도자 성향은 곧 국가가 핵을 포기하게 되는 동기와 같다는 전제하에 핵심 이론 2가지를 재해석하여 핵포기 이론을 분석한다.

---

14 May M. Michael, "Nuclear Weapon Supply and Demand", *American Scientist,* Vol. 82, No. 6 (November-December, 1994), pp. 526~537.

1. 세이건(Segan D. Scott)의 3가지 모델

국가의 핵확산 동기에 대해 가장 명료하고 설명력이 높은 분석틀을 제시한 학자 중에 한명인 세이건은 그의 논문 "왜 국가들은 핵무기를 개발하는가?: 핵개발 동기 3가지 모델"(Why Do States Build Nuclear Weapons?: Three Models in Search of a Bomb, 1997)에서 안보와 국제규범 그리고 국내정치라는 3가지 모델을 활용, 강대국들과 약소국들의 핵개발 동기를 구체적으로 분석하고 있다.[15]

먼저 신 현실주의에 기반을 둔 안보동기모델이다. 안보동기모델은 국가가 핵무기를 만드는 이유를 안보적인 관점에서 외부로 부터 위협을 느낄 때 자국의 안보를 보장받기 위해 핵무기를 보유한다는 것이다. 특히 국가들은 위중한 안보위협에 대처하는 데 있어 핵무장 이외에는 별다른 안보수단이 없을 때 핵무장을 추구하는 경향이 강하다고 보는 시각이다. 적대관계에 있는 상대국이 핵무장한 경우가 이에 해당된다. 이러한 안보동기모델을 핵포기 이론으로 재해석하면 안보적인 이유로 핵무장한 국가들이 안보위기가 해소됨으로써 핵을 포기할 수 있다는 것이다. 안보동기모델에서 안보환경을 독립변수로 도출할 수 있다.

둘째, 규범동기모델은 국가는 국제지위 향상, 국가정체성 등의 규범적, 이상주의적 동기로 핵무장을 추구한다는 것이다. 1945년 미국이 핵개발에 성공한 이후 핵무장의 연쇄반응이 시작되어 핵개발 초기에는 막강한 경제력과 최첨단 과학 기술력을 가진 강대국들만이 핵무기 개발

---

15 Scott D. Segan, "Why Do States Build Nuclear Weapons?: Three Models in Search of a Bomb," pp. 54~86.

에 성공할 수 있었다. 핵무장국들은 일단 핵개발에 성공하면 핵보유가 국가의 위상을 대변하는 상징성을 부여하는 경향이 있다.

이러한 규범동기모델을 핵포기 이론으로 재해석하면 국제지위 향상 등의 규범적 이유로 핵을 개발한 국가들이 NPT 등 비핵화 레짐이 가동된 이후 국제사회의 제재 등으로 인해 핵을 포기할 가능성이 있다는 것이다. 규범동기모델에서는 국제규범을 독립변수로 도출할 수 있다.

셋째, 국내정치모델은 정부가 핵무장을 추구하는 것을 장려하거나 저지하는 국내 행위자들에게 초점을 맞추고 있다. 핵무장 추구란 것이 국익에 도움이 되든지, 안 되든지 간에 적어도 국가 내 일부 개인 행위자들의 편협한 관료적 또는 정치적 이익에 도움이 될 가능성은 분명히 있다. 국내정치모델에서 핵무기 프로그램은 국내정치행위자들의 존재를 정당화하기 위해 그들 자신을 연결할 수 있는 해결책으로 본다는 것이다. 즉, 핵무기 개발과 관련하여 개인 또는 집단의 이익 추구 행위자들이 존재하고 이들이 영향력을 행사함으로써 핵개발이 가속화된다는 것이다.

이러한 국내정치모델을 핵포기 이론으로 재해석하면 국내정치적인 이유로 핵무장한 국가들이 마찬가지로 국내정치적 이유로 집단의 이익을 위해 핵을 포기할 수 있다는 것이다. 국내정치모델에서 국내정치를 독립변수로 도출할 수 있다.

2. 하이만스(Hymans E. C. Jacques)의 정치결정모델

하이만스는 그의 논문 "핵확산의 심리학: 정체성, 감정, 그리고 외교정책"(The Psychology of Nuclear Proliferation; Identity, Emotions and Foreign Policy, 2006)에서 핵무장 결정을 내리는 주체인 개인적 분석수준에 주목해 정치지도자의 정체성과 핵무장에 대한 인식이 핵무장 결정의 핵심적 설명변수라고 주장했다.[16]

특히, 유사한 국제정치와 국내 정치적 환경에 처한 국가라도 실제 핵무장 결과는 달라, 최종 핵무장 결정을 내리는 정치지도자의 성향에 주목해야 한다고 하였다. 예를 들면 유럽이라는 동일한 외교안보 환경 속에서도 프랑스는 핵무장, 이웃국가인 독일은 핵포기를 선택했다. 하이만스는 그 해답을 정치지도자의 성향에서 찾고 있다.

이런 정치지도자의 성향으로 인해 유사한 안보환경에 처한 국가라도 한 국가는 핵무장을, 다른 국가는 핵포기를 선택하는 사례가 다반사라고 주장하고 있다. 사실 어느 국가나 핵개발은 최고 국가기밀사항이며 엄격한 정부 통제 하에서 추진된다. 국가 최고지도자의 성향에 기반한 결정이 핵개발 및 포기에서 매우 중요한 역할을 차지할 수밖에 없다. 바로 이러한 이유 때문에 핵확산 여부를 예측하려면 무엇보다 핵무장 결정의 권한을 가진 정치지도자의 성향에 주목할 필요가 있는 것이다.

하이만스는 핵무장 결정이 미치는 국내외의 엄청난 정치외교안보적 파장을 감안하여, 정치지도자들은 핵무장 결정을 내릴 때 통상적인 비용, 효과분석의 합리적인 계산법과는 다른 결정과정을 거친다고 주장하는데, 이를 '감정적 결정과정'이라고 부른다. 그는 정치지도자의 국가정체성 개념을 제시하고 이것이 핵무장 추진여부의 핵심 결정요인이라

16 Jacques E. C. Hymans, "The Psychology of Nuclear Proliferation; Identity, Emotions and Foreign Policy"(2006), pp. 16~46.

는 점을 강조하고 있다.

또한 정치지도자의 핵무장 결정에 영향을 미치는 주요 국가정체성 개념으로 '연대'와 '신분'이라는 2개의 가치 기준에 주목했다. 그는 '연대' 가치에서 상대국과 공존을 수용하는 지도자 유형으로 스포츠맨형, 상대국과 공존을 부정하는 지도자 유형으로 대립형 등 2개 유형을 제시했다.[17] 다음으로 '신분' 가치에서는 상대국의 우위를 결단코 부정하는 지도자 유형으로 '민족주의자', 자신의 열등한 지위에 순응하는 지도자 유형으로 '하급자' 등 2개 유형을 제시했다. 여기서 '대립형'과 '민족주의자' 유형의 2개의 극단적인 성향이 결합된 국가정체성을 '대립적 민족주의자'라고 명명했다. '대립적 민족주의자' 성향을 가진 정치지도자는 항상 자신의 국익과 가치가 상대국의 그것과 상호 대립적이라고 본다. 하이만스는 '대립적 민족주의자' 유형의 정치지도자가 핵무장을 선택하는 경향이 높다고 분석했고 이와 반대의 형태로 '공존적 국제주의자' 성향은 핵을 포기할 가능성이 높다고 분석했다.[18]

하이만스의 정치결정모델을 토대로 정치지도자의 성향을 결정적 설명변수인 조절변수로 도출한다.

---

17 Gerzhoy Eugine, "Coercive Nonproliferation: Security, Leverage, and Nuclear Reversals", Doctor of Philosophy, The University of Chicago (Aug, 2014), p. 116.

18 Schneider Jonas, "The Study of Leader in Nuclear Proliferation and How to Reinvigorate It", *International Studies Review* (2020), p. 12.

3. 핵포기 이론의 분석

세이건의 안보동기모델, 국내정치 모델, 규범동기모델과 하이만스의 정치결정모델을 기초로 핵포기 이론을 분석해보면 다음과 같다.

우선 '안보동기모델'에서는 안보환경이 핵포기의 최대 동기이자 필요조건이라는 것이다. 특히 국가들은 안보위협이 해소되면 핵을 포기하는 경향이 많다. 독립변수인 안보환경의 주요 구성요소로는 세이건이 주장했던 안보와 위협 해소의 2가지 측면에서 고려해야 한다. 우선 안보는 각 국가가 국가안보를 위해 구성하고 있는 협의체, 동맹, 외교행위 등을 망라한 용어인 국제관계를 먼저 선정할 수 있다. 또한 위협해소는 러시아의 우크라이나 침공(2022)의 사례에서 본 것처럼 각 국가가 실질적으로 가장 위협으로 느끼는 것으로서 군사적 위협을 빼놓고는 설명할 수 없다. 따라서 안보환경의 구성요소는 국제관계와 군사위협을 선정한다. 종합적으로 국가들은 자신들의 국제관계와 군사적 위협에 따라 안보환경이 우호적으로 변하게 되면 핵을 포기할 가능성이 높아진다.

'규범동기모델'은 국가가 국제지위 향상, 국가 정체성 등의 규범적 또는 이상주의적 동기에 따라 핵을 포기한다는 것이다. 독립변수인 국제규범의 주요 구성요소로는 핵무기 개발 국가들이 핵비확산 다자간체제인 NPT와 IAEA의 가입 및 탈퇴 등의 영향을 많이 받아왔다는 점을 고려하여 비핵화 레짐을 먼저 선정한다. 두 번째는 핵무기 개발 시 유엔 등의 국제제재로 인하여 각 국가의 경제가 무너지고 반대로 핵포기로 인해 국제사회의 보상을 받음으로서 경제회복과 함께 국제사회의 일원이 된다는 점을 고려하여 제재와 보상을 선정한다. 종합적으로 국가들은 국제규범에 따라 비핵화 레짐에 참여의지가 높거나, 국제사회로부터의 제재나 경제보상 등이 영향이 클수록 핵을 포기할 가능성이 높아진다.

'국내정치모델'은 국내정치의 여건과 환경에 영향을 받는다는 것으로서 독립변수인 국내정치의 주요 구성요소로는 각 국가의 집권세력이 자신들의 정권을 유지하기 위한 목적으로 핵무기를 개발하기도 하지만 반대로 정권유지를 위해 핵을 포기하기도 한다. 따라서 국내정치의 영향 중 집권세력이 중요하게 생각하는 정권유지를 먼저 선정한다. 또한 국내정치에 영향을 미치는 제반 요소들 가운데 집권세력에게 영향을 줄 수 있는 문제로 경제문제를 선택할 수 있다. 각 국가의 경제가 무너지면 체제가 안정되기 힘들기 때문에 두 번째는 체제안정을 선정한다. 종합적으로 국가들은 국내정치의 영향으로 집권세력의 정권유지를 위해서, 그리고 경제문제 해결을 통한 체제안정을 위해서 핵을 포기할 가능성이 높아진다.

'정치결정모델'은 정치지도자의 성향이라는 조절변수가 있다는 것이다. 정치지도자의 성향에 따라 핵을 포기할 가능성이 높다는 것을 알 수 있다. 정치지도자의 성향은 하이만스의 국가정체성 개념에는 공존적 국제주의자와 대립형 민족주의자 2개의 성향을 제시되고 있는데 본 연구에서는 공존적 국제주의자는 온건/합리적 성향으로 분류하고 대립형 민족주의자는 강경/비합리적 성향으로 분류한다. 하지만 이 2가지 성향은 극과 극으로서 본 연구에서는 정치지도자의 성향에 대화를 통한 타협이 가능한 중도성향을 포함한다. 중도성향은 향후 이론적 분석틀 작성 시 타협형 비핵화를 위한 조절변수로 영향을 미치는 요인이다. 종합적으로 조절변수인 정치지도자의 성향은 온건/합리적 성향, 중도성향,

강경/비합리적 성향 등 3가지로 분류하여 분석한다.[19]

핵포기 이론을 분석한 결과 4가지 모델에서 안보환경, 국제규범, 국내정치는 독립변수로 정치지도자의 성향은 조절변수로 이론적 분석틀을 만들어 연구를 전개한다.

---

19 국어사전에서는 온건/합리적 성향은 생각이나 행동 따위가 사리에 맞고 건실하며 이론이나 이치에 합당하여 설정된 목적을 가장 효율적으로 달성하는 데 도움이 되는 생각으로 정의하고 중도성향은 어느 한쪽으로 치우치지 않고 중간을 지향하는 성향으로 정의하며 강경/비합리적 성향은 굳세게 버티어 굽히지 않고 자기 주장을 고집하며 정당한 이치나 도리에 맞지 않는 성향으로 정의하고 있다. https//www.naver.com, 검색일 2022. 10. 30.

제3절 선행연구 검토

핵포기 국가의 사례를 통해 북한의 비핵화에 적용한 연구는 사례를 통해 교훈을 도출하여 북한 비핵화에 적용할 정책적 과제를 제시하는 연구와 우크라이나의 핵폐기 프로그램(CTR)[20] 과정과 미국과 이란의 핵합의(JCPOA)처럼 협상 방안과 보상에 중점을 둔 연구로 구분할 수 있다. 그러나 이러한 연구들은 핵포기 또는 핵협상 사례를 통해 북한에 적용하기 위한 정책적 과제를 제시하는 수준에 머물러 있다. 일례로 핵포기 사례의 북한 적용을 위한 정책을 제시한 연구는 주로 핵포기 국가의 동기와 경로로 변수와 가설을 설정하고, 이를 북한에 적용하기 위한 정책적 과제를 부분적으로 제시하고 있다. 또한 핵포기 국가의 협상과 보상방안을 북한에 적용한 연구는 북한에 적용 가능한 핵협상 프로그램 제시와 대북제재 및 보상 위주로 강조한 것이 대부분이다.

---

20 협력적 위협감소 프로그램(CTR)으로 미국은 구소련의 무기감축 혹은 해체에 필요한 경제적 지원을 위해 1991년 12월에 미국의 상원의원 넌과 루가의 제안으로 소련의 핵위협 감축법을 상정하였고, 1993년 클린턴 행정부의 출범과 함께 협력적 위협감소로 개명되었다. 정은숙, "벨로루시, 카자흐스탄, 우크라이나의 비핵화 사례", 세종연구소(2007), p. 23.

이러한 문제점을 인식하여 여기서는 선행연구들의 연구 경향과 성과 그리고 연구의 한계와 본 연구에서 제기하고자 하는 논의와의 유사성과 차별성을 구체적으로 제시하면서 선행연구를 검토한다.

1. 핵포기 사례의 북한 적용을 위한 정책 제시

핵포기 국가의 사례를 통해 북한의 비핵화를 위한 정책과제를 제시한 연구를 살펴보면 먼저 황치환의 연구를 들 수 있다. 황치환은 "핵포기 모델의 재검토: 남아프리카공화국, 우크라이나, 리비아 사례를 통해 본 북핵 포기의 가능성과 한계"라는 연구에서 기존 사례 국가들의 핵포기를 결정하게 된 몇 가지 경로를 대외안보환경 변화, 국제사회 제재, 국제사회 보상, 국내정권 성격, 기술적 취약성 등 5가지로 제시하였다.[21]

그는 5가지 경로 중 다른 국가들의 사례에서는 포함되지 않았던 변수들의 영향을 비교 및 분석하여 가설을 제시하였다. 이 가설을 북한에 적용했을 때 핵을 포기할 가능성은 매우 낮은 것으로 평가하였다. 따라서 핵포기 가설을 통한 북한의 비핵화가 가능하기 위해서는 기존의 경로에서 제시한 대외환경의 우호적 변화, 국제사회의 일관적인 제제, 보상의 명확화, 북한의 국내정치적 변화가 수반되어야 한다고 주장하였다. 본 연구와의 유사점은 핵포기 국가의 사례에서 도출한 5가지 경로

21 황치환, "핵포기 모델의 재검토: 남아프리카공화국, 우크라이나, 리비아 사례를 통해 본 북핵 포기의 가능성과 한계", 『세계지역 연구논총』 제30집 30호(2012), pp. 225~252.

중 안보환경, 제재 및 보상, 국내정치 등이 핵포기 이론에서 도출한 변수와 일부 유사하다. 차별점은 본 연구는 국가별 사례에서 변수를 도출한 것이 아니고 핵포기 이론을 통해 변수를 도출하여 이론적 틀을 만든 다음 국가별 사례에 적용하여 검증하고, 북한에 적용할 수 있는 비핵화 유형과 조건을 충족하기 위한 정책적 함의를 제시한 것이다.

박병인과 이수훈은 "글로벌 핵비확산 레짐과 구소련 3국 핵폐기 촉진요인 연구"에서 구소련 3국인 우크라이나, 카자흐스탄, 벨라루스 등 3개국이 핵을 포기하게 된 요인을 첫째, 강대국들에 의한 집단 안전보장의 실현 둘째, 핵포기에 따른 대규모 경제적 보상과 지원 셋째, 핵무기 운용에 필요한 재정 확보 문제 및 고도의 전문성과 기술적 한계 넷째, 최고지도부에 의한 핵포기라는 전략적 결단으로 보았다.[22] 구소련 3국이 북한에 주는 시사점으로 첫째, 구소련 3국과 북한의 핵보유 과정 및 동기가 다르므로 새로운 발상의 전환이 필요하다. 둘째, 북한의 체제 변화를 함께 모색해야 한다. 셋째, 북한의 비핵화를 위해 동북아 안보구조가 상호협력적 안보구조로 변화되어야 한다고 주장하였다. 본 연구와의 차별점은 본 연구는 국가별 사례에서 변수를 도출한 것이 아니고 핵포기 이론을 통해 변수를 도출하여 이론적 틀을 만든 다음 국가별 사례에 적용하여 검증하고, 북한에 적용 가능한 비핵화 유형과 이를 위한 정책적 함의를 제시한 것이다. 또한 정책적 과제 제시 시 북한이 현 체제를 유지한 가운데 적용 가능한 비핵화 유형과 정책적 함의를 제시한 것이다.

문용일은 "남아프리카 공화국의 핵규범 외교: 비핵화 공표와 아프

22 박병인 · 이수훈, "글로벌 핵비확산레짐과 구소련 3국 핵포기 촉진요인 연구", 『유라시아 연구』 제109권 3호(2013), pp. 61~76.

리카 비핵지대조약을 중심으로"란 연구에서 체제 이행기 남아공이 국제사회의 제재와 외교적 고립에서 벗어나 국제사회의 책임 있는 구성원으로 자리매김하기 위해 제재와 고립의 원인이 되었던 규범외교의 특징을 핵개발 및 자제에 대한 규범 모델과 규범 외교를 분석틀로 하여 남아공의 핵규범 외교의 모습을 살펴보았다.[23] 연구결과 첫째, 비핵화 선언 당시부터 핵확산금지규범의 준수와 이에 대한 지지를 명확히 하였다. 둘째, 비핵평화국가로서의 국가위상과 이에 기반한 규범권력을 적극 활용하고자 하였다. 남아공의 사례는 핵개발 국가가 국제적 불신과 외교적 고립에서 벗어나 국제사회의 일원으로 재편입하기 위해서는 실질적 비핵화 조치와 더불어 국가위상을 변화하고 제고할 수 있도록 비물질적 측면에서도 적극적이고 진취적인 노력이 필요하다고 주장하였다. 본 연구와의 유사점은 핵포기 모델에서 도출했던 독립변수인 국제규범을 남아공의 사례에 비추어 구체화한 연구라는 것이다. 차별점은 본 연구는 핵포기 이론을 통해 국제규범 외에도 안보환경, 국내정치, 정치지도자의 성향을 변수로 도출하여 사례연구를 진행하고 결과를 북한에 적용시켜 비핵화 유형과 정책적 함의를 제시한 것이다.

정상혁은 "국내정치엘리트와 비핵화 선택에 대한 연구: 남아공, 리비아 사례와 북한에의 적용"이란 연구에서 북한에 적용하기 위해 국내정치영향을 변수로 남아공과 리비아의 핵포기 사례를 분석하였다.[24] 일반적으로 핵포기의 결정은 국가의 손익을 고려한 합리적인 선택이지만

---

23 문용일, "남아프리카공화국의 핵규범 외교: 비핵화 공표와 아프리카 비핵지대 조약을 중심으로", 『평화연구 논집』 제28권 1호(2020), pp. 207~240.

24 정상혁, "국내정치 엘리트와 비핵화 선택에 관한 연구; 남아공, 리비아 사례와 북한에의 적용", 『군사논단』 96권(2018), pp. 214~236.

북한과 같은 국가들에게서는 이해하기 어렵다. 따라서 국가의 핵포기 결정을 정확하게 조사하기 위해서 남아공과 리비아의 정부와 국내정치를 분석하였다. 연구결과 남아공과 리비아의 국내정치 영향이 핵포기 결정을 하도록 하였고 궁극적으로는 북한의 경우에도 적용이 가능하다고 주장하였다. 본 연구와의 유사점은 핵포기 모델에서 도출했던 독립변수인 국내정치를 남아공과 리비아의 사례에 비추어 구체화하고 북한에 적용한 연구라는 것이다. 차별점은 본 연구는 핵포기 이론을 통해 국내정치 외에도 안보환경, 국제규범, 정치지도자의 성향을 변수로 도출하여 이론적 틀을 만든 상태에서 연구를 진행한다는 것이다. 또한 연구결과를 북한에 적용하여 비핵화 유형과 이를 달성하기 위한 정책적 함의를 제시한 것이다.

김근식은 "비핵화 모델의 사례와 교훈: 문재인 정부의 코리아 모델은 성공 가능한가?"란 연구에서 비핵화와 평화체제를 교환하는 문재인 정부의 코리아 모델 성공여부를 기존 비핵화사례를 통해 성공과 실패요인으로 살펴보고 북한에 적용할 수 있는지 확인하였다.[25] 연구결과 비핵화 성공사례로 꼽히는 우크라이나, 리비아, 남아공 모델에서 핵기술의 취약성, 제재의 효과, 국내적 정권교체 등을 성공요인으로 추출했다. 또한 실패사례인 파키스탄 모델에서 인도와의 적대관계를 실패요인으로 추출하였다. 이를 코리아 모델로 적용할 경우 북한의 핵집착과 제재의 취약성, 정권교체 불가 등으로 성공요인이 적고, 한국 및 미국과의 적대관계가 지속 유지되고 있다는 점에서 실패요인이 더 큰 것을 확인할 수

---

25 김근식, "비핵화 모델의 사례와 교훈: 문재인 정부의 코리아 모델은 성공 가능한가?", 『한국과 국제정치』 제35권 1호(2019), pp. 33~66.

있었다. 결론적으로 코리아 모델 성공을 위해 필요한 조건으로 북한이 원하는 안전보장 및 평화체제를 마련해야 하지만 쉽지 않으며 북한 수령 독재의 정치적인 변화가 반드시 필요하다고 주장하였다. 본 연구와의 차별점은 본 연구는 북한의 비핵화를 달성하기 위해 핵포기 이론의 분석틀을 활용한 비핵화 유형을 제시하고 그 비핵화 유형이 국가별로 적용 가능한지를 확인한다. 그리고 북한에 적용 시에도 이론적 틀로 분석하여 비핵화 유형을 제시했고 이를 위한 정책적 함의를 조건에 기초하여 논리적으로 주장한 것이다.

채규철은 “핵문제의 해법: 기존 모델과 북한의 사례 비교”란 연구에서 북핵문제를 원점에서 재검토해야 한다는 것을 강조하면서 핵문제의 국제적 해결사례를 비교하였다.[26] 국제적 해결사례로는 남아공, 이라크, 리비아, 우크라이나, 파키스탄의 사례를 비교했고 모델로부터 정책적 시사점을 도출하였다. 기존 모델의 정책적 시사점은 안보위협 해결 목적의 핵개발, 미국과 국제사회의 제재에 대한 대응, 자발적 핵포기를 위한 여건 조성이다. 북핵문제에 적용하기 위한 검토결과로 첫째, 북핵문제는 리비아 모델의 적용이 어렵다. 둘째, 우크라이나 모델 적용 가능성도 북한의 체제붕괴 가능성으로 적용이 쉽지 않다. 셋째, 파키스탄의 모델 적용 가능성도 북한과의 상황이 다르기 때문에 적용이 어렵다. 따라서 북한이 주장하는 제한적 개방화, 부분적 비핵화를 병행한 버티기 전략을 구사할 것이며 이에 대한 대비가 필요하다는 주장이다. 본 연구와의 유사점은 핵포기 국가의 동기로 사례연구를 하고 북한에 적용 가

26 채규철, “핵문제의 해법: 기존 모델과 북한의 사례 비교”, 『한국정치외교사 논총』 제30권 2호(2009), pp. 153~174.

능한지를 제시했다는 것이다. 차별점은 본 연구에서는 핵포기 이론에서 도출한 변수들의 상관관계를 이용한 이론적 분석틀을 가지고 각 국가의 사례연구로 확인하였다는 것이며 북한에 적용 가능한 비핵화 유형을 주장한 것이다. 또한 리비아의 유형을 북한에게 적용 가능한 비핵화 유형의 한 형태로 보고 이를 위한 정책적 함의를 제시한 것이다.

조순구는 "핵무기 해체사례와 북한 핵의 평화적 관리방안"이란 연구에서 북한의 핵문제의 심각성은 핵문제 해법에 관한 북한과 미국 간의 견해가 첨예하게 대치하고 있다고 보았는데 양국은 상호 수용할 수가 없는 신뢰의 수준에서 타결점을 찾고 있는 오류에 처하고 있다고 주장하였다.[27] 따라서 핵무기 해체의 국제사례에서도 나타난 것처럼 각 국가의 핵무기 해체 사례는 각국의 상황에 따라 적절한 해법을 적용하였음을 보여주고 있다. 따라서 국가 간 신뢰의 차원이 아닌 보장의 차원에서 핵무기가 해체되었다고 보고 이를 북핵문제에 적용해야 한다고 하였다. 결론적으로 북한의 핵문제 해결을 위해서는 핵포기 사례에 초점을 맞추어 북한과 미국이 공통적으로 안전하게 핵을 해체하고 이에 따라 보상 등 상호 획득하고자 하는 것을 교환할 수 있는 상호보장조치가 필요하다고 주장하였다. 본 연구와의 유사점은 핵무기 해체사례에 대한 연구를 통하여 시사점을 도출하고 북한 핵문제에 적용하였다는 것이다. 차별점은 본 연구는 북한의 핵문제를 북한과 미국과의 한정된 문제로 인식하지 않고 핵포기 이론을 토대로 분석틀을 만들어 국가별 사례를 통해 확인한 다음 북한에 적용 가능한 비핵화 유형을 제시한 것이다. 특

---

27 조순구, "핵무기 해체사례와 북한 핵의 평화적 관리방안", 『국제정치논총』 제45권 3호 (2005), pp. 195~217.

히, 타협형 비핵화의 경우에는 북한이 핵포기 시 그에 상응하는 보상과 인센티브가 따라야 한다는 정책적 함의을 주장한다.

위의 연구들은 각 국가의 핵포기 사례를 분석하여 북한 핵문제에 적용하기 위한 정책적 과제를 제시하는 데 어느 정도 성과가 있는 것으로 평가된다. 그러나 주로 핵포기 국가의 동기와 경로로 변수와 가설을 설정하고, 이를 통해 북한에 적용 가능한 정책적 과제를 제시함으로 이론을 바탕으로 비핵화 방안을 제시하는 논리적인 접근에는 한계가 있다. 반면 본 연구는 핵포기 이론을 통해 핵심변수인 안보환경, 국제규범, 국내정치, 정지지도자의 성향을 도출하고, 변수들 간의 상관관계에 의한 이론적 틀로 새로운 비핵화 유형을 제시한다. 이후 3개 국가의 사례에 적용시켜 확인하고 마지막으로 북한에 적용 가능한 비핵화 유형과 정책적 함의를 제시하는 것으로서 기존의 핵포기 사례의 북한 적용을 위한 정책과제를 제시하는 연구와는 차별화된다고 할 수 있다.

2. 핵포기 국가의 협상과 보상(제재)에 관한 연구

핵포기 사례 국가와 협상 및 보상과 관련한 연구를 살펴보면 최관규의 연구를 들 수 있다. 최관규는 "협력적 위협감소 프로그램의 북한 적용방안"이란 연구에서 북핵문제를 평화적으로 해결하는 과정에서 대두될 수 있는 협력적 실행방안의 하나로 원자력 시설, 핵물질, 기술, 그리고 관련 인력을 해체하고 평화적 목적을 위한 연계산업으로 전환시키는 협력적 위협감소(CTR) 프로그램을 북한에 어떻게 적용할 것인지를 연구하였다.[28] 연구결과 국제사회에서 현재까지 적용하고 있는 CTR 프로그램을 4가지 유형으로 분류하였으며, CTR 프로그램을 북한 핵문제에 적용 시에 나타나는 일반성과 특수성을 도출하여 북한의 비핵화와 이를 통한 한반도 평화기반을 어떻게 조성해야 하는지 전망해야 한다고 주장하였다. 본 연구와의 차별점은 이론적 분석틀을 만들기 위한 핵심변수로서 국제규범에 제재와 보상을 포함하고 있으며 세부적으로 사례연구와 북한 핵문제에 대해 제재와 보상의 과정을 제시한다. 또한 북한에 적용 가능한 타협형 비핵화 유형을 제시할 때 분석틀에서 제시한 조건을 충족하기 위해 정책적 함의로 협상을 위한 준비사항을 제시한 것이다.

박재완은 "대량살상무기 폐기를 위한 협력적 위협감소 프로그램 적용방안"이라는 연구에서 북한의 특수성을 고려하여 협력적 위협감소 프로그램의 적용방안을 모색하였다.[29] 연구결과 북한의 대량살상무기를 폐기시키기 위해서는 국제 레짐과 다자안보협의체 등을 활용한 협력안보 차원의 접근이 필요하다고 하였다. 그리고 구소련 3국에 적용한 협력적 위협감소 프로그램이 좋은 선례이기는 하지만 북한에 적용을 위해서는 북한의 특수성이 고려되어야 한다고 하였다. 제시한 특수성은 3가지로 북한이 처한 안보환경의 차이, 대량살상무기 개발을 위해 투자한 기회비용과 동인, 비대칭 전력의 군비통제에 따른 보상방안을 들고 있다.

결론적으로 협력적 위협감소 프로그램의 북한 적용을 위해서는 북한의 안보환경이 고려되어야 하고, 북한 대량살상무기의 실태가 파악되

---

28 최관규, "협력적 위협감소프로그램의 북한 적용방안", 『통일연구』 제13권 2호(2009), pp. 35~61.

29 박재완, "북한대량살상무기 폐기를 위한 협력적 위협감소프로그램 적용방안", 『한국과 국제사회』 제5권 2호, 한국정치사회연구소(2021), pp. 167~186.

어야 하며, 경제적 보상과 재원 마련을 위한 대책, 북한식 CTR 모델의 정립, 사찰 및 검증을 위한 방안 마련이 필요하다고 주장했다. 본 연구와의 차별점은 본 연구는 협상에 대한 방안을 구체화하여 제시하지는 않았지만 북한의 특수환경을 고려하여 적용 가능한 타협형 비핵화 방안 제시 시 협상을 위한 준비사항과 중재국가로서 중국의 역할 등을 제시한 것이다.

김종선은 "북한의 비핵화 프로그램 전략을 위한 구소련의 사례연구"에서 북한이 내부적인 문제들로 인해 비핵화 프로그램에 참여할 가능성이 존재하는 상황에서는 비핵화 과정에 오랜 시간과 많은 투자가 필요하다. 그래서 어떤 형태로든 우리나라가 책임을 져야 할 부분이 많을 것으로 예상하고 비핵화의 실질적인 사례를 통해 프로그램 수준에서의 북한의 비핵화 전략을 고찰하였다.[30] 사례연구 결과 북한이 비핵화 의지를 갖게 만드는 환경조성이 우선 중요하며, 초기에는 핵물질과 핵무기의 비핵화에 초점을 두고 실행되어야 한다는 것을 확인할 수 있었다. 이와 함께 북한에 적용할 비핵화 프로그램은 주로 핵 관련 시설 폐기와 군수 부문의 민간전환을 통해 경제건설을 위한 프로그램들이 장기적인 관점 하에서 전략적으로 지원되어야 한다고 주장하였다. 본 연구와의 차별점은 본 연구는 협상에 대한 방안을 구체화하여 제시하지는 않았지만 북한에 적용 가능한 비핵화 유형에 중점을 두고, 타협형 비핵화 방안을 제시하면서 협상의 가능성을 고려한 정책적 함의를 제시한 것이다.

---

30 김종선, "북한의 비핵화 프로그램 전략을 위한 구소련의 사례연구", 『북한연구학회보』 제14권 1호(2010), pp. 91~123.

정성임 · 노태훈 · 박뿌리 · 한정헌은 "핵협상과 북핵문제: 이란, 파키스탄, 인도사례와의 비교"라는 연구에서 다른 국가의 핵협상 사례를 비교 분석하여 북핵 협상의 문제점과 향후 정책방향을 제시하였다.[31] 미국은 핵협상 대상국에 따른 맞춤형 핵정책을 구사하였는데 미국의 정책은 각 국가의 핵개발 동기와 전략적 가치에 따라 다른 양상을 보인다고 하였다. 핵개발 동기를 살펴보면 안보는 국가에 사활적 이익이고 정치적 보장보다는 경제적 이득 제공이 용이하기 때문에 협상타결에 있어서 안보모델이 가장 힘들고 경제모델이 보다 용이하다. 그런데 북한은 체제안보와 정권 안보가 동일시되며 특히, 안보모델의 성격이 강하기 때문에 협상에 어려움이 있다. 향후 협상을 통해 북한의 핵포기를 유도하기 위해서는 북한이 동북아에서 정치적 지형을 어떻게 이용하여 자신의 전략적 가치를 높이는지에 주목해야 한다. 한국은 미국과 일본 그리고 러시아 등 각 국가의 가용자원을 적절히 조합 및 활용하고, 남북 간에 신뢰성 회복으로 북한의 핵보유 동기를 줄이면서 북미 간에 중재역할을 해야 한다고 주장하였다. 본 연구와의 유사점은 협상의 변수로 안보모델을 활용하고 있다는 것이다. 차별점은 본 연구는 북한과의 협상에 중점을 두지 않고 이론적 분석틀로 논리적으로 설명 가능한 북한의 비핵화 유형을 제시하는 데 중점을 두었으며, 특히 타협형 비핵화 유형을 만들어 가기 위한 조건에 협상과 보상 등에 대한 정책적 함의를 제시한 것이다.

조명철 · 김지연 · 홍익표는 "핵무기 포기국가에 대한 국제사회와 경제개발 지원 경험이 북한에 주는 시사점"이라는 연구에서 북핵문제

31 정성임 · 노태훈 · 박뿌리 · 한정헌, "핵협상과 북핵문제: 이란, 파키스탄, 인도사례와의 비교", 『통일연구』 제19권 1호, 연세대학교 통일연구원(2015), pp. 154~187.

의 해결을 위해 핵포기 국가인 남아공, 우크라이나, 리비아의 핵개발과 핵포기 동기 및 과정, 이들의 핵포기 유도를 위해 노력했던 과정을 살펴보고 북한에게 주는 시사점을 정리하였다.[32] 연구결과 국제사회의 노력이 북한에 주는 시사점으로 첫째, 국제사회가 북한의 6자회담 복귀 방안 마련과 상황에 맞는 차별화된 경제제재의 준비 및 추진 둘째, 북한의 핵포기를 안정적이고 지속적인 형태로 추진하기 위한 실질적인 개입방안 마련 셋째, 최소한의 수준에서 인도주의적 지원 전개 넷째, 중국과의 협력체계 강화, 다섯째, 한반도에서 핵문제의 심각성 인식과 다양한 협상카드 마련을 주장하였다. 본 연구와의 차별점은 핵포기 국가들에 대한 국제사회의 개발 지원에 중점을 두지 않고 이론적 분석틀로 각 국가의 사례에 적용시켜 확인한 것이다. 또한 북한에 적용 가능한 비핵화 유형을 제시하면서 타협형 비핵화의 조건에 국제사회의 지원 노력을 정책적 함의로 제시한 것이다.

김영준은 "왜 북한은 우크라이나랑 다른가? 우크라이나 핵폐기 과정 분석과 북한식 CTR 모델 연구"에서 북한이 리비아 사례를 받아들이지 않을 것으로 보고 우크라이나에 적용했던 협력적 위협감소 프로그램 사례를 연구하여 북한에 적용하였다.[33] 우크라이나 비핵화 성공요인을 북한사례에 적용한 연구들이 갖는 오류는 우크라이나 내부에서 핵포기와 보유를 둘러싸고 벌어진 치열한 논쟁과 담론의 과정이 간과되었다. 북한이 독재국가이지만 북한의 엘리트 계층 사이에서 있을 핵폐기와 관

---

32 조명철 · 김지연 · 홍익표, " 핵포기 국가에 대한 국제사회의 경제개발 지원경험이 북한에 주는 시사점", 대외경제정책 연구원 연구보고서(2010).

33 김영준, "왜 북한은 우크라이나랑 다른가? 우크라이나 핵폐기 과정 분석과 북한식 CTR 모델 연구", 『세계지역연구논총』 제37집 4호(2019).

련된 논쟁이 향후 비핵화 협상과 전략에 영향을 미칠 것으로 유추해 볼 때 우크라이나에서 핵폐기 결정 시까지 어떠한 논쟁들을 통해 결론에 도달했는지를 분석해야 한다. 그리고 이를 북한 핵문제에 적용시키는 맞춤식 전략이 필요하다는 연구결과를 제시하였다. 본 연구와의 유사점은 북한의 핵폐기를 위해 북한의 특수성을 감안하여 협상방안을 구상해야 한다는 것이다. 차별점은 본 연구는 각 국가의 사례를 확인하면서 논쟁과 담론보다는 안보환경, 국제규범, 국내정치, 정치지도자의 성향을 변수로 이론적 틀을 만들어 사례검증과 북한에 적용 가능한 비핵화 유형을 제시한 것이다.

정형곤 · 방호경은 "국제사회의 대북경제제재 유효성 분석"이라는 연구에서 2006년 국제사회가 시행한 대북경제제재가 북한 대외무역에 어떻게 영향을 미쳤는지에 대해 분석하였다.[34] 연구결과 2006년도 국제사회가 시행한 대북제재는 북한의 수출과 수입 모두에 의미 있는 영향을 미치지 못했던 것이 확인되었다. 이는 2006년 북한의 제1차 핵실험에 대한 유엔 결의안 1695호와 1718호가 북한의 대외 수출과 수입을 감소시키는 데는 효과가 없었다는 것을 보여준다. 따라서 실제 제재를 해야 하는 유엔 회원국들이 결의안을 충실하게 이행하지 않았다고 볼 수 있다. 따라서 대북제재는 북한에 막대한 영향력을 가진 국가들이 협력구도를 만들어 압박을 높이는 것이 가장 효과적이라고 주장하였다. 본 연구와의 차별점은 본 연구는 북한에 적용 가능한 비핵화 유형을 제시하기 위한 이론적 틀의 변수로 제재는 일부만 포함하고, 안보환경, 국제

34 정형곤 · 방호경, "국제사회의 대북경제제재 유효성 분석", 『동북아경제연구』 제23권 2호, 한국동북아경제학회(2011).

규범, 국내정치, 정치지도자의 성향 등을 가지고 북한에 적용 가능한 비핵화 유형과 조건을 충족하기 위한 정책적 함의에 제재 강화를 포함하여 제시하였다.

이들의 연구는 북한에 적용 가능한 핵협상 프로그램과 대북제재가 필요하다는 의견으로 제재와 보상 등에 중점을 둔 연구결과이다. 이 연구들은 협상사례와 대북제재의 경제적 분석을 통해 협상방안과 정책적 과제를 제시함으로써 성과가 있다고 평가된다. 그러나 북한 핵문제를 다루는 데는 협상과 제재만으로는 통제하기가 어려운 것이 현실이다. 따라서 이론적 분석틀을 이용하여 각 국가의 사례연구로 확인하고, 북한에 적용 가능한 비핵화 유형과 정책적 함의를 제시한 본 연구와는 차별화된다고 할 수 있다.

제4절 이론적 분석틀

이 절에서는 핵포기 국가의 비핵화 동기와 4가지 모델에서 도출한 핵심변수를 제시한다. 그 다음 독립변수와 조절변수의 상관관계를 가지고 종속변수인 비핵화 유형을 이끌어내는 이론적 분석틀을 제시한다.

1. 핵포기 국가의 비핵화 동기

앞서 언급한 것처럼 비핵화 동기는 '안보동기모델', '국제규범모델', '국내정치모델', '정치결정모델' 등 총 4가지 모델로 설명할 수 있다. '안보동기모델'은 각 국가들이 안보위협이 해소되면 핵무장 동기가 사라진다는 것으로서 안보위협이 해소되면 핵무장을 포기할 가능성이 높다. 즉 안보환경이 우호적이면 비핵화 동기가 증가하고 반대로 비우호적이면 비핵화 동기가 감소한다는 것이다.

'규범동기모델'은 핵개발 또는 핵무장 국가가 비핵화를 선택하는 이유로 핵 비확산규범을 위반한 불량국가로 낙인 찍히고 국제사회에서 배척되며 오히려 국제적 지위가 하락되는 것을 우려하기 때문이다.

규범동기모델에 따르면 현 NPT체제가 작동하기 시작하면서 많은 국가가 비핵화의 명분을 쉽게 받아들이게 되었다고 주장한다. 규범동기모델에서는 국제규범을 가지고 국제사회 참가의지, 국제사회 제재 또는 보상을 비핵화 동기로 설명할 수 있다. 국제규범에 따른 국제사회 참가의지와 국제제재 및 보상에 따른 영향이 크면 비핵화 동기가 증가하고 반대로 영향이 작으면 비핵화 동기는 감소한다는 것이다.

'국내정치모델'은 국내정치의 여건과 환경에 영향을 받는다는 것으로서 국내정치의 영향으로 정권을 유지하기 위한 세력의 정권유지와 경제문제 등으로 인한 체제안정을 위해 핵을 포기할 수 있다는 것이다.

국내정치모델에서는 국내정치의 영향으로 정권유지와 체제안정을 비핵화 동기로 설명할 수 있다. 즉 정권유지, 체제안정 등에 의한 국내정치의 영향이 크면 비핵화 동기가 증가하고 반대로 영향이 작으면 비핵화 동기는 감소한다고 할 수 있다.

'정치결정모델'은 핵포기에는 정치지도자의 성향이 결정적으로 영향을 미친다는 것이다. 정치결정모델에서는 정지지도자의 성향과 그가 시행한 정책 등으로 비핵화 동기를 설명하고 있다. 정치지도자의 성향이 온건/합리적일수록 비핵화 동기는 증가한다. 그 이유는 온건/합리적일 경우 비핵화에 따른 비용 대비 효과를 실리적으로 계산하여 이익이 큰 방향으로 결정내릴 가능성이 크기 때문이다. 정치지도자의 성향이 중도일 경우에는 비핵화 동기가 보통이므로 타협의 가능성이 높아지며, 정치지도자의 성향이 강경/비합리적이면 비핵화 동기는 감소한다. 그 이유는 비타협적이므로 절대적 이득만 생각하기 때문이다.

2. 핵심변수

1) 독립변수

(1) 안보환경

안보동기모델에서는 각 국가의 경우 안보위협이 사라질 때 핵을 포기하게 된다고 주장하고 있다. 이중에서 해당 국가와 다른 국가들과의 국제관계[35]와 군사위협의 변화가 안보환경 변화의 가장 큰 요소라고 할 수 있다. 국제관계가 우호적인 관계로 변화되었을 때 핵을 포기했을 가능성이 높으며 그동안의 군사적 위협이 적어지거나 사라지면서 핵을 포기할 가능성이 높아진다는 것이다. 즉, 안보환경이 비우호적이었을 때보다는 우호적으로 바뀌었을 때 핵포기를 결정할 가능성이 높은 것이다.

(2) 국제규범

규범동기모델에서 다수의 국가들은 국제적 지위 향상을 이유로 핵무장을 포기한다고 주장하고 있다. 이 중에서도 국제적인 비핵화 레짐과 국제사회의 제재 및 보상의 영향을 받는다는 것이다. 국제제재는 NPT상 비핵국이 핵무장을 선택할 때 국제사회의 국제법적, 외교적 압박과 경제제재로 인해 타격을 받음으로써 핵을 포기할 가능성이 있다는 것이다. 그리고 이러한 국가가 경제적 보상을 위해 핵을 포기한다는 것이다. 즉, 국제 비핵화 레짐에 참여하고자 하는 의지와 국제제재 및 경

---

35 지식백과, "국제관계는 국제정치에서 나타나는 국가 간 또는 주요 세력들 간의 정치적 · 경제적 · 법적 · 사회적 관계를 말한다." https//www.naver.com, 검색일 2022. 10. 30.

제적 보상의 강도가 클수록 핵을 포기할 가능성이 높은 것이다.

(3) 국내정치

국내정치모델에서는 국내정치의 여건과 환경변화가 핵포기에 중요한 영향을 미친다고 주장하고 있다. 국내정치의 영향을 유지하기 위한 세력이 자신들의 정권유지를 위해, 그리고 경제적 문제 등으로 인한 체제안정을 위해 핵을 포기할 가능성이 있다는 것이다. 즉, 국내정치의 영향이 클수록 핵을 포기할 가능성이 높은 것이다.

2) 조절변수: 정치지도자의 성향

정치지도자의 성향은 조절변수로서 비핵화 유형을 결정하는데 중요한 역할을 한다는 것을 알 수 있다. 정치지도자의 성향을 온건/합리적, 중도, 강경/비합리의 3가지 성향으로 분류하고, 정치지도자의 성향에 따라 비핵화 유형도 달라질 수 있음을 제시한다. 온건/합리적인 정치성향은 화합형 비핵화로 중도성향은 타협형 비핵화로 강경/비합리적 성향은 강제형 비핵화로 갈 가능성이 높은 것이다.

3) 종속변수

여기서 제시하는 종속변수인 비핵화 유형은 화합형 비핵화, 타협형 비핵화, 강제형 비핵화 3가지이며 이 유형은 본 연구에서 새롭게 제시하는 개념이다.

(1) 화합형 비핵화: 해당 국가가 자발적으로 결정

화합의 의미는 화목하게 어울린다는 뜻이다. 화합형 비핵화는 독립변수와 조절변수에서 제시하고 있는 모든 조건, 즉, 안보환경, 국제규범, 국내정치, 정치지도자의 성향 등이 비핵화를 위해 우호적인 조건에서 제반 여건이 갖추어 졌을 때 타협이나 강제성 없이 해당 국가가 자발적으로 비핵화를 결정하는 것으로 정의한다.

(2) 타협형 비핵화: 자의 및 타의로 타협

타협의 의미는 어떤 일을 서로 양보하며 협의한다는 뜻이다. 타협형 비핵화는 독립변수와 조절변수에서 제시하고 있는 모든 조건, 즉, 안보환경, 국제규범, 국내정치, 정치지도자의 성향 등이 비핵화를 위해 타협할 수 있는 조건과 환경에 해당되어 해당 국가가 자의(자국) 또는 타의(외부국가)로 비핵화를 위해 타협하는 것으로 정의한다.

(3) 강제형 비핵화: 타의에 의해 강제적으로 진행

강제의 의미는 권력이나 위력으로 남의 자유의사를 억눌려 원하지 않는 일을 억지로 시킨다는 뜻이다. 강제형 비핵화는 독립변수와 조절변수에서 제시하고 있는 모든 조건, 즉, 안보환경, 국제규범, 국내정치, 정치지도자의 성향 등이 정상적인 비핵화를 가기가 어려운 조건과 환경일 때 타의(외부국가)에 의해 강제적으로 비핵화가 추진되는 것으로 정의한다.

3. 이론적 분석틀

독립변수들과 조절변수의 상관관계를 통해 종속변수인 3가지 비핵화 유형을 제시한 이론적 분석틀은 다음과 같다.

1) 화합형 비핵화

국제관계가 우호적이고, 군사적 위협이 약해져서 전반적인 안보환경이 우호적으로 변하고, 비핵화 레짐인 NPT 등에 가입을 통한 국제사회 참가 의지와 국제제재에 대한 탈피와 보상에 대한 기대가 크고, 정권유지와 체제안정이라는 국내정치적 영향이 클 때 온건하고 합리적인 정치지도자의 성향과 결합되면 화합형 비핵화로 갈 가능성이 높다. 이를 그림으로 나타내면 〈그림 2-1〉과 같다.

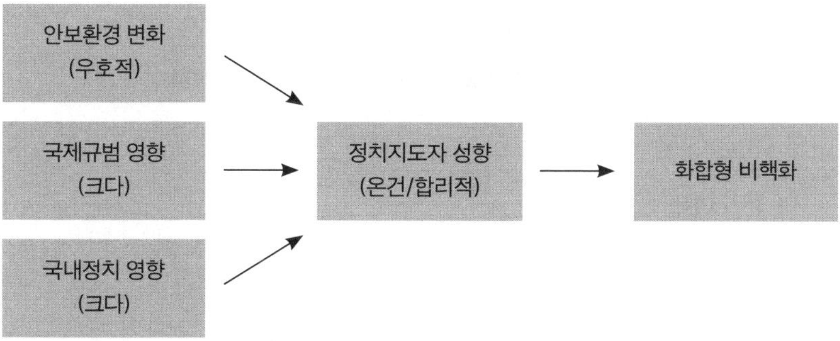

〈그림 2-1〉 독립변수와 조절변수에 의한 화합형 비핵화

2) 타협형 비핵화

국제관계가 비우호적이고 군사적 위협이 커서 전반적인 안보환경이 비우호적으로 변하고, 비핵화 레짐인 NPT 가입 등 국제사회 참가 의지와 국제제재에 대한 탈피와 보상에 대한 기대가 크며, 정권유지와 체제안정이라는 국내정치적 영향이 클 때 중도형 정치지도자의 성향과 결합되면 타협형 비핵화로 갈 가능성이 높다. 이를 그림으로 나타내면 〈그림 2-2〉와 같다.

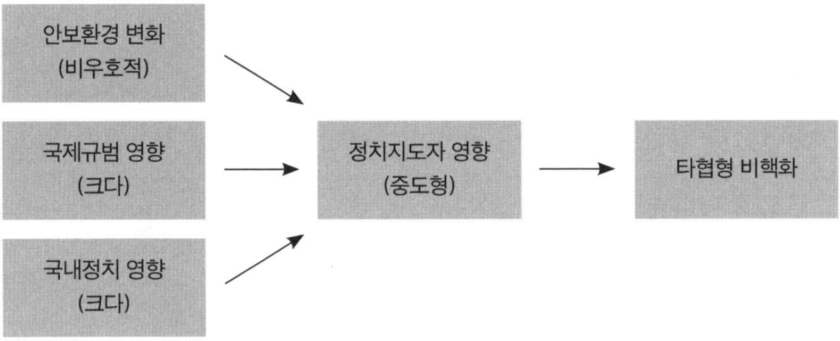

〈그림 2-2〉 독립변수와 조절변수에 의한 타협형 비핵화

3) 강제형 비핵화

국제관계가 비우호적이고, 군사적 위협이 매우 커서 전반적인 안보환경이 비우호적이고, 비핵화 레짐인 NPT 가입 등을 통한 국제사회 참가 의지와 국제제재에 대한 탈피와 보상에 대한 기대가 매우 크며, 정권유지와 체제안정이라는 국내정치적 영향이 클 때 강경/비합리적 정치지도자의 성향과 결합되면 강제형 비핵화로 갈 가능성이 높다. 이를 그

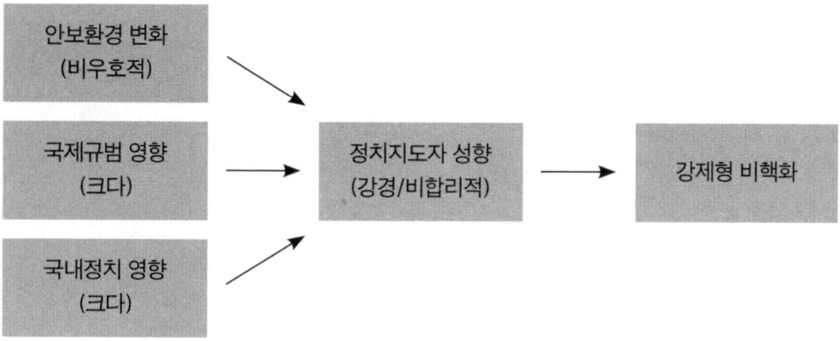

〈그림 2-3〉 독립변수와 조절변수에 의한 강제형 비핵화

림으로 나타내면 〈그림 2-3〉과 같다.

종합적으로 안보환경이 우호적이고 국제규범과 국내정치의 영향을 크게 받으면서 정치지도자의 성향이 온건/합리적일 경우 화합형 비핵화로 갈 가능성이 높다. 그리고 안보환경이 비우호적이고 국제규범과 국내정치의 영향을 크게 받으면서 정치지도자의 성향이 중도일 경우 타협형 비핵화로 갈 가능성이 높다. 끝으로 안보환경이 비우호적이고 국제규범과 국내정치의 영향을 크게 받으면서 정치지도자의 성향이 강경/비합리적 성향일 경우 강제형 비핵화로 갈 가능성이 높다는 것이다.

3가지의 비핵화 유형을 그림으로 나타낸 이론적 분석틀은 〈그림 2-4〉와 같다.

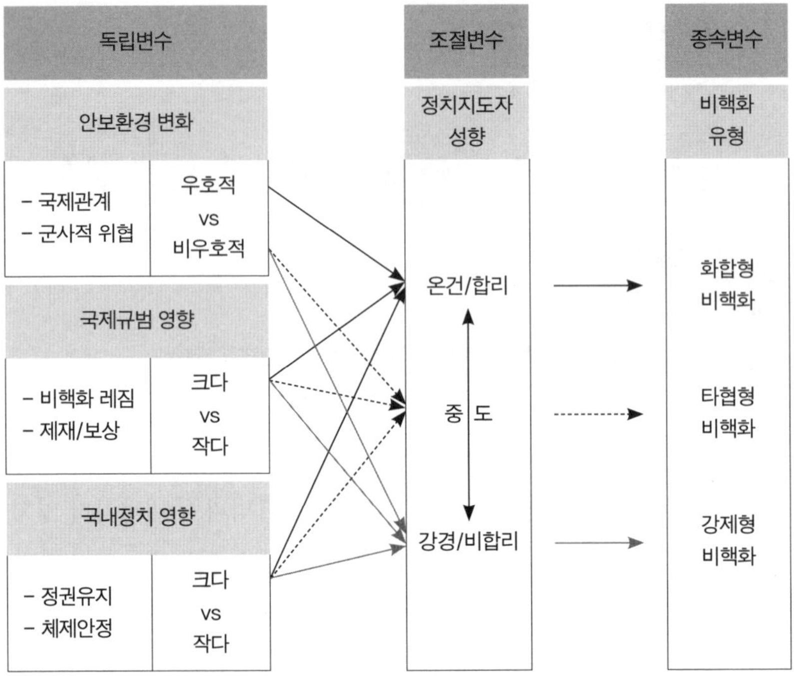

〈그림 2-4〉 3가지 비핵화 유형의 이론적 분석틀

제3장

남아공의 핵포기 모델: 화합형 비핵화

남아공은 자체적으로 핵무기 개발에 성공하고 이후 핵폐기까지 실시한 국가이다. 1980년대에 6개의 총류형 핵무기를 개발하여 보유 중이었다가 자발적으로 핵무기와 관련한 시설들을 해체할 것을 결정하였다. 따라서 남아공은 자발적으로 핵무기를 포기한 국가로서 화합형 비핵화를 논리적으로 검증할 수 있는 사례이다.

본 장에서는 독립변수인 안보환경, 국제규범, 국내정치와 조절변수인 정치지도자의 성향을 분석틀로 화합형 비핵화 즉 국제관계가 우호적이고, 군사적 위협이 약해져서 전반적인 안보환경이 우호적으로 변하고, 비핵화 레짐인 NPT 가입 등 국제사회 참가의지와 국제제재에 대한 탈피, 보상에 대한 기대가 크고, 정권유지와 체제안정이라는 국내정치적 영향이 클 때 온건하고 합리적인 정치지도자의 성향과 결합되면 화합형 비핵화로 갈 가능성이 높다는 것을 검증한다.

본 장의 구성은 먼저 개요 부분에서 남아공의 핵개발 요인과 보유과정, 핵능력과 포기 경과 등을 제시한다. 그리고 첫 번째 독립변수인 핵포기 시 남아공의 안보환경을 국제관계와 군사적 위협으로 분석하고 두 번째 독립변수인 국제규범은 남아공과 비핵화 레짐과의 관계, 국제사회에서의 제재와 보상 분야로 나누어 제시한다. 세 번째 독립변수인 국내정치는 핵포기 당시 남아공의 정권유지와 체제안정에 대해 분석하고 네 번째는 조절변수인 정치지도자의 성향을 분석하여 제시한다. 끝으로 위에서 제시한 독립변수와 조절변수가 어떠한 상관관계를 통해 종속변수인 화합형 비핵화가 될 수 있는지를 평가한다.

제1절 개요

1. 핵무기 개발 요인

남아공은 스스로 핵무기 제조가 가능한 기술력, 경제력, 자원(우라늄) 등 필요한 여건과 능력을 갖추고 있었으므로 핵무기의 개발과 보유가 가능하였다. 핵무기를 개발했던 구체적인 요인들을 살펴보면 다음과 같다.

첫째, 1970년대 남아공의 안보환경 문제이다. 1970년대 중반에 소련은 아프리카 해방운동을 적극 지원함으로써 강력한 이념적 영향력을 행사하고자 하였다. 소련은 전략자원이 풍부하고 지정학적 의미에서도 매우 중요한 남아공까지 자신의 세력 아래 두기 위해서 남아공의 저항단체인 아프리카민족주의(ANC)를 지원하였다.[1] 그러던 중 앙골라 내전이 발생하자 소련은 좌익 정부군의 편에 서서 원조를 하였고 남아공 역시 반군 지원을 위해 내전에 개입하게 되었다. 소련은 남아공의 반군을

---

1 박희정, "남아프리카공화국: 아프리카 대륙에서 유일한 백인의 정치적 지배", 『한국아프리카학회지』 제6집(1993), p. 100.

일제히 소탕하였으며 오랜 완충지역인 나미비아, 짐바브웨의 접경지역에 대한 소련의 영향력이 크다는 점에서 남아공에게는 위협이 아닐 수 없었다.[2] 또한 1980년대 반아파르트헤이트를 주도했던 인근 국가인 짐바브웨의 독립과 1920년대 이래로 남아공의 통치하에 있던 나미비아가 1980년대 소련의 지원 하에 남아공에 대한 공격을 준비하는 문제까지 벌어지며[3] 남아공은 자국의 안보를 위한 방안 마련이 매우 시급한 과제가 되었다. 1970년대와 1980년대에 걸쳐 지속되어온 주변국들에 의한 남아공의 안보위협은 핵무기 개발의 주요한 동기들 중 하나였다.

둘째, 남아공 정부의 인종차별정책에 대한 국제사회의 지속적 압력과 그에 따른 고립이 핵무기 개발의 동기가 되었다.[4] 남아공의 인종차별정책은 1900년대 초반에 시작되었으며 1948년에 정권을 획득한 국민당이 들어서면서 인종차별 정책의 법제화를 시작하였다. 1949년에 인종간의 결혼을 금지시킨 잡혼 금지법, 1951년에 혼혈인의 선거권을 박탈한 분리대표 투표자법, 인종간의 구분을 세분화한 인구 등록법, 인종 고립 정책이었던 홈랜트 설정 등을 통해 백인과 유색인종 그리고 흑인 등을 정치적, 사회적으로 분리시키는 정책을 시행하였다.[5] 유엔은 제17차 총회를 통해 남아공과의 외교관계를 단절하고 상품 구매 및 수출을 금지하는 결의안을 채택하였고 매년 남아공의 인종차별에 대한 결의안

---

2 장성욱, "남아프리카공화국의 핵무기 개발 및 해체사례 연구", 『동아시아 연구』 제11호 (2005), p. 132.

3 Gerzhoy Eugine, "Coercive Nonproliferation: Security, Leverage, And Nuclear Reversals", p. 168.

4 Nuclear Threat Initiative, "South Africa Nuclear Chronology", https://www/media.nti.org/pdfs/ 검색일 2022. 8. 5.

5 박희정, "남아프리카공화국: 아프리카 대륙에서 유일한 백인의 정치적 지배", pp. 84~85.

채택을 추진하였다.[6] 남아공은 인종차별정책에 대한 국제사회의 압력이 핵무기 개발을 포기한다고 해서 철회되지는 않을 것이라고 인식하였고, 오히려 핵무기 개발이 외교적 방패가 되는 것은 물론이고 나아가 국제사회의 압력에서 벗어날 수 있는 출구가 될 수 있다고 생각하였다.[7]

셋째, 남아공의 핵무장 결정 배경은 외부적인 위협뿐만 아니라 내부적인 정치적 이해관계와 함께 지도자의 강력한 의지에 의한 결과물로도 평가된다. 1974년 인도가 핵실험을 감행하자, 당시 남아공의 수상이었던 존 보스터는 제한된 핵억지력이 필요하다는 것을 인식한 것으로 알려지고 있다.[8] 또한 질 좋은 우라늄 매장량이 풍부한 남아공에서는 이와 관련한 과학자와 실무자들이 사회 각 지도층에 포진되어 있어서 이들의 핵무기 개발 의지가 실행에 옮겨진 것이라고 할 수 있다. 그리고 핵무기 개발에 적극 찬성했던 국방장관 보타가 1981년 국민당 당수로 수상에 취임하자 남아공의 핵무기 개발 속도는 더욱 빨라지게 되었다.[9]

남아공의 핵개발 동기를 요약하면 안보환경과 국제사회의 제재 및 고립에서의 탈피, 내부 정치적 이해관계와 지도자의 강력한 의지에 의해 추진되었음을 알 수 있다.

---

6 김영철, "세계의 분쟁지역: 남아프리카공화국, 흑 · 백 공존의 길을 찾아서", 평화문제연구소, 『통일한국』 제11권 11호(1993), p. 105.

7 장성욱, "남아프리카공화국의 핵무기 개발 및 해체사례 연구", p. 134.

8 Liberman Peter, "The Rise and Fall of the Africa Bomb", *international security*, Vol. 26, No. 2 (Fall, 2001), pp. 64~65.

9 장성욱, "남아프리카공화국의 핵무기 개발 및 해체사례 연구", pp. 132~133.

2. 핵무기 보유 과정

1) 1940~1960년대

남아공 핵무기 개발의 역사는 1948년 맨해튼 프로젝트에 참가하면서부터 시작된다.[10] 같은 해 원자력법을 제정하고, 우라늄의 자원 개발과 이용에 대한 관리 및 감독을 위해 원자력위원회(AEB: Atomic Energy Board)를 설립하였다. 1957년 미국 아이젠하워 행정부의 평화를 위한 원자력 프로그램이라는 기치 아래 두 국가는 원자력 협정을 체결하였고, 이후에 남아공은 핵물리 분야 과학자 및 전문기술자들을 미국에 파견하여 선진 기술을 습득한다.[11] 1965년 미국 기업 엘리스 첼미스사는 수도 프레토리아 인근의 펠린다바 지역에 200Mw급 원자로인 SAFARI 1호와 90% 농축 우라늄을 연구용으로 제공하였다. 이어 1967년 이 지역에 SAFARI 2호를 건설하였는데 이 역시 미국의 지원[12]하에 이루어졌다.

한편 1957년 남아공은 IAEA 설립 과정에 관여함으로써 상임이사국에 선정되기도 하였으나 1968년 미국과 국제사회의 끈질긴 설득 노력에도 핵비확산조약(NPT) 서명을 거부하였다.

---

10 맨해튼 프로젝트는 제2차 세계대전 동안 미국이 영국 및 캐나다와 함께 수행했던 인류 최초의 핵무기 개발 계획이다. 남아공은 풍부한 우라늄 자원을 보유하고 있어 1948년 이 프로젝트에 참여하게 된다. 미국 에너지부, "맨해튼 계획"(2010).

11 Albright David · Stricker Andrea, "Revising South Africa's Nuclear Weapons Program: It's History, Dismantlement, and Lesson for Today", *Institute for Science and International Security* (28 Jun, 2016), p. 2.

12 Nuclear Threat Initiative, "Country Profiles: South Africa Nuclear", https://www.nti.org/countryprofiles/ 검색일 2022. 8. 6.

2) 1970~1980년대

남아공은 핵무기 생산에 필수적인 물질의 제조가 가능한 기반 시설과 능력을 갖추며 1970년대부터 본격적으로 핵무기 개발에 뛰어들게 되었다.[13]

남아공 정부는 제한적인 핵 억지력의 필요성을 인식하여 1974년 존 보스터 수상은 평화적인 핵개발 프로그램 개시와 함께 지하 핵실험 장소의 건설계획을 승인했다. 같은 해 말 펠린다바에 위치한 우라늄 고농축 시설 Y-Plant의 가동을 시작하였고 1977년까지 칼라하리 사막 주변에 200m 깊이의 2개의 핵실험장을 완공하여 2회에 걸친 핵실험을 감행하였다. 그러나 이 핵실험장은 미국과 소련에 의해 발각되었고 유엔 안전보장이사회에서는 1977년 11월 남아공에 대한 무기 수출입을 금지하는 결의를 채택하였다.

남아공은 핵무기 실험이 정치적으로 불가능하다는 판단하에 핵실험 장소 폐쇄를 공표하였다.[14] 그러나 내부적으로는 비밀리에 핵개발 정책을 계속 추진해 갔다. 1978년 1월에 Y-Plant에서 첫 번째의 고농축 우라늄을 양산하였고 1979년에는 첫 번째의 핵폭발 장치를 완성하기에 이르렀다. 이후 1980년대에 18개월마다 1개씩 핵무기를 생산하여 1989년에 이르러서는 총 6개의 총류형 핵무기를 생산하였다. 남아공의 핵개발 과정을 정리하면 〈표 3-1〉과 같다.

---

13 Albright David · Stricker Andrea, "Revising South Africa's Nuclear Weapons Program: It's History, Dismantlement, and Lesson for Today, p. 23.

14 서상현, "핵무기 폐기의 이론적 접근: 남아공 사례를 중심으로", 『아프리카학회지』 제26집 (2007), p. 72.

〈표 3-1〉 남아공의 핵개발 과정 일지

연 대	연 도	과 정
1940년대	1948	맨해튼 프로젝트(우라늄 공급자 역할) 참여 원자력법 지정, 원자력위원회 설립
1950년대	1950	평화적 목적의 핵개발 계획 수립 / 미국과 평화적 원자력 협력 체결
	1957	IAEA 설립 참여, 상임이사국으로 선임
1960년대	1965	200Mw급 연구용 원자로 SAFARI 1호 건설
	1967	SAFARI 2호 착공
	1968	NPT 서명 거부
1970년대	1971	UCOR 사가 우라늄 농축 프로그램 감독 및 Y-Plant 건설임무 수임
	1974	평화적 핵폭발 프로그램 시작, 건설계획(실험장소) 승인 우라늄(Y-Plant) 농축 시작
	1976	지하 핵실험 장소 완공(칼라하리 사막)
	1977	구소련 정찰위성이 지하 핵실험장 탐지 유엔안보리에서 무기 수출입에 대한 금지 결의를 채택 국제사회 거센 압박에 의해 핵실험을 포기하고 핵실험장 폐쇄를 약속
1970년대	1978	IAEA 상임이사국의 지위 박탈, 핵억지 3단계 전략 채택
	1979	핵무기 7개 개발을 위한 위원회 출범, 첫 번째 핵폭발 장치 완성 미국 위성이 아프리카 남단에서 2개의 섬광 관측, 핵실험 의혹 야기
1980년대	1982	ARMSCOR사가 폭격기 장착용 첫 핵폭탄 장치 개발
	1989	1980년대 말까지 6개의 핵무기 생산/보유

※ 이 표는 NTI, "South Africa Nuclear Chronology"를 참고하여 작성하였음.

3. 핵능력 및 핵포기 경과

남아공의 핵능력은 1960년대 중반까지 무기용 핵분열 물질을 획득하기 위해 농축과 재처리의 2개 경로를 병행 추진했다. 1969년에는 플루토늄 획득을 위한 재처리 경로를 포기하고 농축 경로에만 집중했다. 남아공은 농축기술을 이미 습득했고, 농축기기는 소규모로 은닉도 가능했다.

1977년 8월 고농축 우라늄 코어가 빠진 첫 핵폭탄을 제조하는 데 성공했고 무기용 고농축 우라늄이 확보되면서 1982년 핵무기 1기 생산을 완료했다. 이후 고농축 우라늄 생산량에 맞춰 약 18개월마다 핵무기 1개가 추가 생산되었다. 총 9년에 걸쳐 6개의 핵무기를 생산하였으며 핵무기 1기당 고농축 우라늄 55kg을 탑재했다.[15] 이후 보타는 핵무기 재고를 7기로 한정하고 고농축 우라늄을 탑재한 핵분열탄만 제작하기로 결정했다. 남아공이 생산한 핵무기는 미사일용 핵탄두가 아니었으며 비행기에 탑재하여 투하하는 중력 핵폭탄으로 1985년까지 핵무기 생산이 거의 완료되었다.

남아공이 손쉽게 핵무장 목표를 달성하게 된 요인은 제한적인 핵전략 수립과 여기에 필요한 만큼의 핵역량을 추구했기 때문이다. 남아공의 핵전략은 2가지로 하나는 주변국의 재래식 군사위협을 억제하는 것이며 나머지는 단순히 핵무기 사용을 위협함으로써 서방의 개입을 유도하는 데 있었다. 이는 보통의 핵무장국의 전략과는 다른 것으로 보통은 핵보복 억제력 보유를 목표로 한다. 즉 자신의 핵무기가 상대의 선제적 타격에서 살아남아 2차 핵 타격을 실시할 수 있어야 한다. 이를 위해 100기 이상의 고성능 핵미사일이 필요하다. 그런데 남아공의 적국은 핵무기가 없었고 주변국의 재래식 공격 위주로 대비했기 때문에 수준이

15 Kelley E. Robert, "The Iraqi and South Africa Nuclear Weapon Program", *Security Dialogue* 27, No. 1 (1996), p. 34.

낮은 핵무장에 만족했다.

핵개발에 참여했던 인사들의 3단계 핵전략은 다음과 같다.[16]

> 1단계는 핵 모호성을 유지하는 것으로서 핵보유에 대한 국제사회의 제재와 비판을 피하고 동시에 적에게는 핵무기가 있을지 모른다는 불확실성을 주어 공격 가능성을 억제한다. 2단계는 적의 공격이 임박할 때 서방진영에 핵무기를 공개하고 이들의 개입을 촉구한다. 남아공의 적들은 공산국가의 지원을 받고 있는 주변국이었기 때문에 남아공은 서방진영의 개입을 선호했다. 3단계는 서방진영의 개입유도가 실패할 때, 핵실험을 감행하여 핵능력을 과시하고 핵무기 사용을 위협한다. 실제 1988년에 3단계 실행을 위한 비상계획을 세우기도 하였다. 이와 같이 남아공의 핵능력은 제한된 핵전략에 의해 소수의 핵무기를 개발하여 보유하였으며, 주변국 재래 전력에 대한 억제전략의 일환으로 추진되었다.

남아공이 핵개발을 포기하게 된 경과는 다음과 같다.

취임 후 드클러크 대통령은 NPT 가입 의무 이행과 핵억지력 유지를 통한 이익 등을 고려하기 위해 위원회를 조직하였다. 1989년 11월 위원회는 핵무기 프로그램을 완전 종료 및 해체할 것을 권고하였고 그는 이를 승인하였다.[17] 같은 달 가능한 한 빨리 NPT에 가입하기 위한 일정 선정을 위해 ARMSCOR사와 원자력 에너지 공사 관료들로 구성된

---

16 Pabian V. Frank, "The south African Nuclear Weapon Program: Lessons for U.S. Non-Proliferation Policy", *The Non-Proliferation Review, Monetary Institute of International Studies* (Fall, 1995), p. 9.

17 Stumpf Waldo, "South Africa's Nuclear Weapon Program: From Deterrence to Dismantlement", Arms Control Treaty (25 December, 1995, January, 1996), https://www.fas.org/ 검색일 2022. 3. 5.

실무 그룹을 조직하였다. 남아공은 핵무기 해체와 핵시설의 상업용 전환을 위한 과정이 IAEA 조사 전 비밀리에 종결되기를 원하였다.[18] 1990년 2월 1일 Y-Plant 가동을 중단했고, 실무그룹은 핵무기 해체에 약 18개월이 소요된다고 보고하였다. 해체를 위한 작업은 ARMSCOR사와 AEC가 맡게 되었다. 드클러크는 핵무기 기술과 함께 모든 서류의 폐기도 지시하였으며, 이 모든 작업은 1991년 7월에 완전히 종료되었다.[19]

1991년 7월 10일에 남아공은 비핵국가로서 NPT에 합류하였고 2개월 후에 IAEA의 안전조치협정도 체결하였다. 10월 30일에는 IAEA에 핵물질과 시설 등 목록을 제출하였고 11월 이후 총 115회의 IAEA 사찰을 받았다. 남아공 정부는 모든 핵폭발 장치를 제거하였으며, 모든 농축우라늄은 펠린다바의 저장소에 보관하였다.[20] 드클러크는 1993년 3월에 의회에서 연설을 실시하였으며, 1974년부터 1990년까지 총 6개의 핵무기를 보유하였고, 개발하고 있던 7번째 핵무기를 포함하여 모든 핵무기를 폐기하였다고 공식 발표하였다. 이후 1996년 4월 11일 남아공을 포함한 42개 아프리카국가들은 아프리카비핵지대조약(일명 펠린다바 조약)을 체결하였다.[21] 9월에는 포괄적 핵실험금지조약(CTBT)에 서명하였다. 남아공의 핵포기 과정 일지를 표로 정리하면 〈표 3-2〉와 같다.

---

18 당시에 UN이 이라크의 핵무기와 생화학무기 그리고 탄도미사일 등에 관해 철저한 조사와 함께 제재 조치를 가하고 있었기 때문에 전문가위원회는 남아공의 핵개발 능력 해체 과정을 공개적으로 진행하는 것에 대해 반대하였다. Villiers JW. de · Jardine Roger · Reiss Mitchel, "Why South Africa Gave Up the Bomb", *foreign Affairs*, Vol. 72 (1993), p. 103.

19 정영태, "북한의 핵폐기 가능성과 북미관계", 통일연구원(2004), pp. 35~36.

20 Villiers JW. de · Jardine Roger · Reiss Mitchell, "Why South Africa Gave Up the Bomb", pp. 103~104.

21 Nuclear Threat Initiative, "Pelindaba Treaty", https://www.nti.org/pelindaba treaty/검색일 2022. 3. 5.

〈표 3-2〉 남아공의 핵포기 과정 일지

연 대	연 도	과 정
1980년대	1989	드클러크 대통령, 핵개발프로그램 검토 위한 위원회 구성 → 위원회 핵무기 해체 권고 핵실험 부지(칼라하리 사막 내) 전면 폐쇄
1990년대	1990	핵개발프로그램 종료 및 해체 방안 수립 Y-Plant의 가동 중단
	1991	핵무기 해체 작업 완료 비핵국가로서 NPT 가입, 안전조치 협정 체결(7월) IAEA로부터 핵사찰 수용
	1993	드클러크, 핵무기 보유 인정 및 완전 폐기 발표(3월) 의회에서 핵에너지 법안을 통과시킴 IAEA, 남아공의 핵포기 계획 종결 결론
	1996	아프리카비핵지대조약(팰린다바 조약) 서명(4월) 포괄적 핵실험 금지조약(CTBT) 서명(9월)

※ 이 표는 정영태, "북한의 핵폐기 가능성과 북미관계"에서 제시된 남아공의 핵폐기 사례를 참고하여 작성하였음.

제2절 안보환경

1. 국제관계

남아공이 핵무기 보유를 결정했을 당시의 국제관계는 소련의 팽창주의와 1975년 10월에 있었던 쿠바군의 앙골라 사태 개입 등으로 인해 남아공에게 불리하게 작용하였다. 그러나 1980년대부터의 변화하기 시작한 남아공 주변의 국제관계를 살펴보면 우선 가장 위협적인 존재인 소련이 변화하기 시작했다. 1985년 취임한 소련의 고르바초프 서기장은 취임 후 개혁개방 정책을 추진하였으며 아프리카민족회의(ANC)에 대한 지원도 축소해 나갔다. 또한 1988년 8월에는 남아공, 쿠바, 앙골라 간 정전협상이 진행되었고 그해 12월에는 앙골라에 주둔중인 쿠바군 5만명도 철수를 했다. 1989년 말에는 베를린 장벽이 무너지며 냉전이 종식되었다. 이렇게 남아공 주변의 국제관계는 개선되어 핵무기를 지속적으로 개발, 소유할 이유들이 사라지기 시작했다. 즉, 남아공을 중심으로 한 국제관계가 우호적인 상태로 변화되었다.

2. 군사적 위협

남아공이 핵개발을 결정하게 된 동기는 1960년대 중반부터 시작되어 1980년대 후반까지 지속된 남아프리카 국경전쟁으로 군사적 위협을 크게 느꼈기 때문이었다. 남아프리카 국경전쟁은 남아공의 점령지 였던 나미비아와 앙골라 2개 지역에서 벌어졌다. 그런데 1980년대 후반 인명피해와 함께 경제손실이 지속되자 남아공 국민들은 명분 없는 전쟁에 의문을 제기하기 시작했다. 마침 1985년 3월 소련에서 고르바초프 총서기가 취임하면서 대외적으로 탈군사 정책을 추진하기 시작했다. 고르바초프의 신사고는 급격한 세계질서의 변동을 초래하는 계기가 되었다. 그가 국내 · 외적으로 추진한 탈군사화와 개혁개방정책은 소련의 해체와 공산권의 붕괴를 초래했다. 남아공의 전쟁의지가 약해지는 것과 병행하여 주변 좌파정권도 소련의 지원 없는 투쟁을 지속하기가 어렵게 되었다. 남아공은 미국의 주선으로 1988년 8월 남아공, 쿠바, 앙골라 등 3국은 정전을 선언하는 '제네바 의정서'에 서명했다. 제네바 의정서에 따라, 앙골라에 진출했던 남아공 군대도 1988년 9월 1일까지 전면 철수했다. 마침내 남아공, 앙골라, 쿠바 등 3국은 1988년 12월 22일 유엔에서 3자 협정을 체결하여, 20년 이상 지속되었던 나미비아 독립전쟁과 남아공-앙골라 전쟁을 완전히 종결시켰다. 동 협정에 따라 남아공 군대가 나미비아에서 철수하고, 나미비아가 독립을 얻었다. 그리고 앙골라에서 5만 명의 쿠바군이 철수했다. 즉, 남아공이 핵개발 동기로 가졌던 군사적 위협은 완전히 해소되었다.

제3절 국제규범

1. 비핵화 레짐

국제적 핵비확산을 위한 비핵화 레짐은 핵확산금지조약인 NPT와 국제원자력기구인 IAEA가 역할을 수행하게 되었고 NPT의 출범으로 핵비확산은 국제사회의 보편적인 규범이 되었다. 남아공은 1967년 IAEA 설립에 참여하였고 상임이사국으로서 선임되기도 하였다. 그러나 1968년 NPT 서명을 거부하고 국제 비핵화 레짐에서 이탈하여 핵무기를 개발하게 되었다. 남아공은 전통적인 인종차별 정책과 핵개발 때문에 국제사회에 참여하고 싶었으나 고립을 강요받고 있었다. 이러한 고립을 타개하기 위해 비핵화 레짐에 가입하기 위한 의지를 보이면서 1991년 핵을 포기하고 NPT에 가입하여 안전조치협정을 체결하였다.

이후 IAEA의 핵사찰을 받았으며 1993년 IAEA로부터 핵포기 계획 완료의 결론을 도출하도록 하였다. 또한 1996년 4월 아프리카비핵지대 조약에 서명함으로써 국제사회의 일원으로서 비핵국가로 거듭나게 되었다. 즉, 남아공은 비핵화 레짐에 참여를 통한 국제사회의 일원이 되겠다는 참가 의지가 높았다고 할 수 있다.

2. 제재와 보상

인종차별정책과 핵무기 개발로 인해 국제사회에서는 남아공에 대해 비핵화 압력을 가하기 시작하였으며, 국제공조를 시작했다. 특히, 미국 레이건 행정부는 남아공의 NPT 가입 설득을 위해 모든 핵협력을 1986년에 완전히 금지시켰으며, 독일과 프랑스도 핵협력을 중단하였다. 또한 국제사회는 남아공이 NPT에 가입해도 인종차별정책 때문에 어떠한 보상조치도 해주지 않을 것을 천명하였고 그것에 대한 제재도 더욱 강화하였다.[22] 이처럼 남아공의 핵보유와 인종차별정책에 대해 국제사회의 제재조치가 강화되자 경제상황도 악화되기 시작하였으며 외환위기까지 발생하기에 이르렀다. 남아공은 초기에 핵무기를 가지고 국제사회의 압박에 대처하려 하였으나 국제사회는 협력을 중단하면서 압력을 더욱 강화하였다.

이에 따라 남아공 정부는 핵무기를 포기하는 것이 국제사회의 제재를 피하는 길이며 더 큰 이익이 될 것으로 판단하기 시작했다.[23] 핵포기 후 남아공은 어떠한 보상도 요구하지 않았으나 국제사회는 인종차별 관련 제재를 해제하고 미국은 민수용 핵프로그램 전환을 지원하였다.

---

22 Liberman Peter, "The Rise and Fall of the Africa bomb", p. 79.

23 Klerk F. W. De, "Last Trek-a New Beginning: the Biography", New York: St. Martin's (1999), p. 274.

남아공은 핵포기 후 외자 유치 등으로 경제상황이 호전되었다. 그리고 경제 성장률이 향상되었고 누적 외자유치액도 증가하였다.[24] 즉, 남아공은 핵보유에 대한 국제사회의 제재의 강도가 커진 것과 핵포기로 인한 경제적 보상의 영향을 받았다고 할 수 있다.

24 남아공의 핵포기 완료(1993) 후 경제상황 변화로 경제성장률은 '88~'92년 기준 0.63%에서 '94~'98년 기준 2.88%까지 향상되었고 누적 외자 유치액 증가율도 '88~'92 평균 2.16%에서 '94~'98 평균 9.02%로 향상되었다. 세종연구소, 『정책브리핑』(2018. 5. 17).

제4절 국내정치

1. 정권유지

남아공의 국내정치상황 중에 핵개발의 요인으로 작용했던 인종차별정책은 국제사회로부터 많은 비판을 받아왔다. 특히, 1960년 샤프빌 학살을 계기로 인종차별 문제는 국제 문제화되었다.[25] 이 사건을 계기로 유엔안전보장이사회에서는 남아공이 시행하고 있는 인종분리정책의 중지를 촉구하였다. 유엔은 제17차 총회에서 결의안을 통해 남아공과의 외교관계 단절과 상품 구매 및 수출 금지 등의 내용을 포함하였고 이후 인종차별에 대해서도 경고 결의안을 채택했다.[26]

남아공에서 핵포기를 결정하게 된 요인 중에 하나는 드클러크 정부의 등장이 정권변화와 함께 이루어졌다고 해도 과언이 아니다. 남아

---

25 샤프빌 학살은 1960년 3월에 요하네스버그 남서쪽에 위치한 샤프빌에서 경찰이 통행법에 반대하는 비무장시위대에 발포를 해 270여 명의 사상자가 발생한 사건이다. WIKIPEDIA, “Sharpeville Massacre”, https://www.en.wikipedia.org/wiki/ 검색일 2022. 3. 5.

26 WIKIPEDIA, “Sharpeville Massacre”, https://www.en.wikipedia.org/wiki/ 검색일 2022. 3. 5.

공의 민주주의는 1970년대 말에 크게 후퇴하였으며 1980년대 이후에 서서히 회복되기 시작한 것으로 알려지고 있다.[27] 따라서 1980년대 말에 남아공 정부는 인종차별주의적인 강경책을 버리고 정치경제적 개혁을 시도하여 민주주의의 회복을 위한 기회를 가지게 되었다. 특히, 드클러크 정부는 민주화를 위한 적극적인 정책전환이 가능하도록 만들었다. 이전의 정부와는 달리 국제적 고립의 해소를 위해 비핵화와 인종차별정책 포기가 선행되어야 한다고 굳게 믿었다. 즉, 정권을 유지하기 위한 정책의 변화를 통해 국제사회와 화해를 모색하고 핵포기를 선택할 수 있었다고 할 수 있다.

2. 체제안정

국제사회의 제재로 인해 남아공은 경제적 부담이 견디기 어려울 정도로 과중하였다고 할 수 있다. 인종차별의 직접부담과 기회비용이 1980년대 들어 과도해졌기 때문이다. 1980년대 들어 미국시민과 인권단체들은 남아공의 기업과 은행을 상대로 소비자 보이코트 압력을 다양하게 행사하며 투자회수 운동을 광범위하게 전개하였다. 1985년에 체이스 맨하튼 은행이 금융차관을 거부하자 다른 외국계 은행들도 모두 그 뒤를 따랐다. 1986년 10월 레이건의 거부권 행사에도 불구하고 남아

27 조동준, "남아공의 비핵화 사례 연구", 『북핵 문제와 한반도 평화정착』(서울: 한울, 2008), p. 118.

공에 대한 수입 · 수출 금지, 차관 금지, 군사협력 금지를 포함하는 포괄적인 반아파르트헤이트 정책안이 의회에서 통과되었다. 그 결과로 캘리포니아 대학은 남아공에 사업을 위해 투자한 31억 달러를 철회하였으며 같은 해 캘리포니아주는 110억 달러의 증권투자를 철회하였다. 이어서 가장 큰 투자를 한 미국 제너럴 모터사가 남아공에서 철수하였고 다음날에는 IBM이 철수하였다.[28] 미국의 경제제재로 인해 남아공은 1985년부터 1989년까지 5년간 총 320~400억 달러의 손실을 입었고 순자본 110억 달러 유출과 수출 40억 달러가 감소되는 막대한 타격을 입었다.[29]

EC 국가들도 남아공에 대한 투자 중지, 오일의 수출 금지, 핵계약의 금지, 대사의 철수 등 제재조치를 단행하였다. 특히 EC 행위법을 채택함으로써 남아공 투자 간에 흑인들의 대우에 대해 특별한 관심을 표명하였다.[30] 미국과 EC 국가들의 제재와 압박은 남아공의 국제적 고립을 가속화시킨 것은 물론이고 백인정권의 심리적 불안감을 고조시켜 경제적 타격을 가중시켰다. 즉, 여러가지 제재로 인한 경제적 타격과 체제불안은 체제를 안정시켜야 하는 드클러크의 핵포기 결정에 영향을 주었다고 할 수 있다.

---

28 서상현, "핵무기 폐기의 이론적 접근: 남아공 사례를 중심으로", p. 82.

29 채규철, "핵문제의 해법: 기존 모델과 북한의 사례 비교", 『한국정치외교사논총』 제30권 2호 (2009), p. 155.

30 박희정, "남아프리카공화국: 아프리카 대륙에서 유일한 백인의 정치적 지배", pp. 101~102.

제5절 정치지도자의 성향

1. 드클러크(Frederik Willem De Klerk)의 성향

이전의 남아공 정치지도자들은 보타처럼 소수 백인의 인종차별정책에 기반한 배타적 민족주의적 성향을 보였으며, 핵무장을 지지했다.[31] 그런데 드클러크는 정반대로 흑백 인종의 화합과 강한 국제주의적 성향으로 평소 국제규범과 핵비확산 가치를 신봉해왔다.

드클러크의 주요 메시지를 살펴보면 다음과 같다.[32] 먼저 드클러크는 대통령 당선 연설에서 반아라파트헤이트 시위행진에 동의하면서 새로운 남아공의 문이 열렸다고 하였다. 또한 폭력은 피하면서 공공질서 유지를 보장하도록 강조한 바 있다. 1990년 의회 연설에서는 정치체제의 개혁과 다수의 당을 합법화는 하지만 사회주의 정책이나 폭력행위는 지

31 Sanders T. Ottawa, "Existential Threats and The Militarization of Minor Powers: Why Leaders Choose to Pursue and Acquire Nuclear Weapons and Why Some Give Them up Whereas Others Do Not", Doctor of Philosophy, Indiana University (March, 2017), p. 168.

32 WIKIPEDIA, "F. W. de klerk", https://www.en.wikipedia.org/wiki/ 검색일 2022. 7. 15.

지하지 않는다는 것을 밝혔다. 1991년에는 동유럽의 마르크스 체제를 남아공에 강요하려는 사람들의 관점을 전면 수정해야 한다고 강조하였다.

드클러크가 시행한 주요 정책으로 인종차별 시스템인 아라파트헤이트를 종료하였고 취임과 더불어 만델라와 정치범을 석방하였다. 또한 아프리카민족주의(ANC)를 합법화했으며 정부의 정책결정 과정의 민주화와 야당과 헌법을 개정하기 위한 협상도 시작했다.[33] 아라파트헤이트의 해체와 남아공에 보통선거권을 부여한 공로로 1993년 노벨평화상을 수상하였다. 그는 국민당을 비백인에게도 개방하였고 남아프리카공화국의 인종분류지침을 폐지하였다. 또한 자신의 국제주의적 가치관과 국제정세에 대한 판단을 믿고 핵폐기 결정에도 주저하지 않았다.[34]

이상에서 살펴본 바와 같이 드클러크의 메시지와 시행한 정책을 분석해보면 그는 합리주의, 평화주의, 그리고 국제주의적 성향을 가지고 있는 것으로 분석할 수 있다. 드클러크의 주요 메시지와 시행한 정책을 통해 정치지도자의 성향을 분석한 결과는 〈표 3-3〉과 같다.

정치결정모델에서 하이만스가 제시한 이론을 살펴보면 공존적 국제주의 성향을 가진 정치지도자가 핵포기를 선택한다고 설명한다.[35]

본 연구에서 정치지도자의 성향은 강경/비합리적 성향, 중도 성향, 온건/합리적 성향으로 제시하였다. 드클러크의 성향인 합리주의, 평화

---

33 Sung Ju Cho, "From Proliferation to Renunciation: Why Some States Give Up Nuclear Ambitions While Others Do Not", Doctor of Philosophy, University of Virginia (May, 2009), p. 138.

34 Houston F. Gregory, "Frederik willem De Klerk: The Pragmatic Peacemaker" (Jan, 2014), pp. 179~186.

35 Jacques Hymans, "The Psychology of Nuclear Proliferation: Identity, Emotions and Foreign Policy", p. 18.

〈표 3-3〉 메시지와 정책을 통해 분석한 드클러크의 성향

주요 메시지	주요 정책	성 향
- 1989 대통령 당선 연설 · 반아라파트헤이트의 시위행진 동의 · 폭력을 피하고 공공질서 유지 강조 - 1990 의회 연설 · 정치체제의 전면적인 개혁계획 소개 · ANC와 공산당 등의 사회주의 정책이나 폭력행위는 불가 · 남아공의 비전은 서구식 자유민주주의 국가가 되는 것임을 강조 - 1990년 핵포기 추진 · 핵포기 중단 명령 하달 - 1991년 · 동유럽의 마르크스 경제체제 수용 불가	- 인종차별 시스템(아라파트헤이트) 종료 · 해로운 영향에 대해 사과 - 넬슨 만델라와 반아라파트헤이트 활동가 석방 - 정부의 정책결정과정 민주화와 야당과 헌법개정 과정 협상 시작 - 아프리카민족주의(ANC) 합법화 - 아라파트헤이트 해체 및 남아공에 보통선거권 부여 - 노벨평화상 수상(1993) - 국민당을 비백인에게 개방 - 남아프리카 공화국 인종분류지침 폐지 - 핵포기 과정 1991년 완료	합리주의 평화주의 국제주의

※ 이 표는 장성욱, "남아프리카공화국의 핵무기 개발 및 해체사례 연구"; 조동준, "남아공의 비핵화 사례 연구"; WIKIPEDIA, "F. W. de klerk"를 참고하여 작성하였음.

주의, 국제주의적 성향은 공존적 국제주의 성향에 가까워 온건/합리적 성향으로 분류할 수 있다.[36] 즉, 드클러크의 온건/합리적 성향이 남아공의 자발적 핵포기에 큰 영향을 주었다고 할 수 있다.

36 Liang Tuang Nah, "Applying the Lesson of South African Nuclear Disarmament to North Korea", *North Korean Review*, Vol. 10, No. 2 (Fall, 2014), p. 91.

2. 드클러크의 핵포기 정책

드클러크의 성향에 따라 핵포기를 결정하면서 시행한 정책을 살펴보면 그의 정치적 성향이 핵포기 정책을 추진하는 데 어떠한 영향을 끼쳤는지를 알 수 있다. 그가 시행한 핵포기 정책은 다음과 같다.

1990년 2월 드클러크는 일체 핵개발의 중단과 핵폐기를 명령했다. 그는 핵무기가 남아공이 대처해야 할 안보위협에 비해 과잉 군사력이며 불필요하다고 판단했다. 더욱이 남아공이 국제사회와 관계를 회복하기 위해서 인종차별정책과 더불어 반드시 제거해야 할 장애요인으로 보았다.

1990년 2월 6일 드클러크는 문서로 핵폐기 명령서를 작성했다. 명령서 내용은 "첫째, 서클 시설의 핵무기 창고에 보관된 모든 완성 및 미완성 핵폭탄과 관련 부품을 해체시설로 이관한다. 둘째, 모든 핵장치를 폐기한다. 셋째, 핵무기에서 나온 고농축 우라늄을 원자력공사로 안전하게 이관하고 저장한다. 넷째, 군부, 원자력공사, ARMSCOR사 등의 고위인사로 구성된 운영위원회가 핵무기 해체와 핵시설 제염 과정을 감독한다. 다섯째, 별도의 독립된 감독관이 전체 해체 과정을 감시하고 대통령에게 보고한다"이다.[37]

NPT에 가입한 지 1년 6개월 지나서 드클러크는 1993년 3월 17일 핵개발과 관련된 모든 문서를 폐기하도록 지시하였다. 이때 보관 중이던 핵개발에 대한 기술문서, 전략문서, 정책문서 등이 소각 등의 방법으로 폐기처분 되었다.[38]

---

37 Nuclear Fuel, "De Klerk Tells World Africa Built and Dismantled Six Nuclear Weapons" (29 March, 1993), p. 7.

38 Nuclear Threat Initiative, "Country Profiles: South Africa Nuclear", https://www.nti.org/

남아공은 IAEA로부터 핵과 관련된 시설에 대해 100여 차례의 사찰을 받았다. 당초 예상보다 훨씬 강도 높은 사찰에 시달렸지만 최대한 협조했다. 드클러크의 국제사회 재진입의 의지가 확고했고 이를 위해서는 IAEA 사찰은 반드시 통과해야 할 관문이었기 때문이었다. 결국 남아공은 IAEA의 사찰의 관문을 통과했고 마침내 비핵국으로 거듭날 수 있었다. 즉, 드클러크의 온건/합리적 성향에 따라 추진되어온 남아공의 자발적 핵포기 정책은 향후 핵포기 국가에게 적용할 수 있는 모범적인 정책이라고 할 수 있다.

---

country profiles/ 검색일 2022. 3. 5.

제6절 평가

이론적 분석틀에서 화합형 비핵화는 국제관계가 우호적이고, 군사적 위협이 약해져서 전반적인 안보환경이 우호적으로 변하고, 비핵화 레짐인 NPT 가입 등 국제사회 참가의지와 국제제재에 대한 탈피와 보상에 대한 기대가 크고, 정권유지와 체제안정이라는 국내정치적 영향이 클 때 온건하고 합리적인 지도자의 성향과 결합하면 화합형 비핵화로 갈 가능성이 높다고 제시하였다.

남아공의 핵포기에 영향을 준 변수들을 정리하면 다음과 같다.

첫 번째, 안보환경으로 핵포기 당시 남아공의 국제관계는 가장 위협적인 존재인 소련이 변화되었고 남아공, 쿠바, 앙골라 간 정전협정도 진행되어 전반적인 국제관계가 개선되었으며, 군사적 위협도 소련 고르바초프의 탈 군사정책으로 인해 소련의 해체와 공산권의 붕괴가 초래됨으로써 남아공에 군사적 위협이 되었던 주변 좌파정권도 소련의 지원 없이는 투쟁을 지속하기 어렵게 되었다. 또한 20년 이상 지속되었던 나미비아 독립전쟁과 남아공-앙골라 전쟁이 완전히 종결되었다. 이로써 남아공이 가지고 있었던 군사적 위협이 완전히 제거되었다. 즉, 안보환경의 변화로 국제관계는 우호적으로 변하였고 군사적 위협은 완전히 제거되어 화합형 비핵화의 안보환경 조건을 충족하였다.

두 번째, 국제규범으로 먼저 비핵화 레짐은 핵포기 당시의 남아공은 드클러크 체제에서 국제사회의 참가의지가 높아 1991년 핵을 포기하고 NPT에 가입하여 안전조치협정을 체결하였다. 제재와 보상 측면에서 남아공의 인종차별정책과 핵개발에 대해 국제사회에서는 제재를 강화하였으며 그리고 경제적 보상으로 인한 경제상황이 크게 호전되었다. 즉, 국제규범의 영향으로 남아공은 국제사회의 참가의지가 높아 비핵화 레짐에 참여하고자 하였다. 또한 국제사회의 제재와 보상은 핵을 포기할 수 있는 동기로 작용하여 화합형 비핵화의 국제규범 조건을 충족하였다.

세 번째, 국내정치의 영향으로 먼저 정권유지 면에서 드클러크는 이전 정부와는 달리 국제적 고립의 해소를 위해서는 비핵화가 선행되어야 한다고 믿었고 이러한 정권유지를 위한 정책의 변화가 핵을 포기한 동기가 되었다. 체제안정 측면에서는 국제사회의 제재로 인한 남아공의 경제적 부담의 가중을 들 수 있다. 이로 인해 남아공 국민들의 불만이 팽배해 졌으므로 체제안정을 위해 핵포기를 선택했다고 할 수 있다. 즉, 국내정치의 영향으로 남아공은 정권교체로 인해 정권유지를 위한 수단의 하나로 비핵화를 선택하였다. 그리고 국제사회의 제재로 인한 경제난으로 체제의 안정을 유지하려는 선택이 핵을 포기한 동기로 작용하여 화합형 비핵화의 국내정치 조건을 충족하였다.

네 번째, 정치지도자의 성향으로 주요 메시지와 그동안 시행한 정책을 통해 드클러크의 성향을 분석해보면 그는 합리주의, 국제주의, 평화주의적 성향으로 본 연구에서 제시한 온건/합리적 성향이라고 할 수 있다. 즉, 드클러크의 온건/합리적인 성향으로 인해 핵포기 정책이 과감히 추진되었다는 것으로 화합형 비핵화의 정치지도자 성향 조건을 충족하였다.

남아공의 비핵화 유형을 종합적으로 평가해보면 안보환경이 우호적이고, 국제규범에 대한 영향이 컸으며 국내정치의 영향도 큰 상태에서 온건/합리적인 정치지도자의 성향과 결합한 화합형 비핵화 유형이다. 변수별 세부내용은 〈표 3-4〉와 같다.

〈표 3-4〉 남아공의 화합형 비핵화를 위한 변수별 세부내용

안보환경의 변화: 우호적	국제규범의 영향: 크다
- 국제관계: 소련의 위협 제거로 우호적 - 군사적 위협: 소련의 체제와 공산권 붕괴로 위협 제거	- 비핵화 레짐: NPT 서명거부로 인한 비핵화 레짐 이탈로 국제사회 고립 - 제재/보상: 미국과 국제사회는 남아공에 대한 제재 강화
국내정치의 영향: 크다	**정치지도자 성향: 온건/합리적 성향**
- 정권유지: 정권유지 수단의 하나로 비핵화 선택 - 체제안정: 국제사회의 제재로 인한 국민들의 체제 안정 욕구가 큼	- 메시지,정책 분석결과 드클러크 성향은 합리주의, 평화주의, 국제주의임 - 이론적 틀의 성향 중 온건/합리적 성향에 부합

제4장
이란의 핵포기 모델: 타협형 비핵화

이란은 핵개발 프로그램을 진행하다가 2015년 핵합의를 통해서 핵 포기를 선택한 국가이다. 미국, 영국, 프랑스, 러시아, 중국 등 유엔 안전보장이사회 5개 상임이사국과 독일에 의해 포괄적 공동행동계획(JCPOA)[1]에 서명하면서 핵개발 프로그램을 포기하였다. 이후 협상을 통해 제재까지 해제하도록 한 사례로서 타협형 비핵화를 논리적으로 검증할 수 있는 사례이다.

본 장에서는 독립변수인 안보환경, 국제규범, 국내정치와 조절변수인 정치지도자의 성향을 분석틀로 타협형 비핵화 즉 국제관계가 비우호적이고, 군사적 위협이 상존하여 전반적인 안보환경이 비우호적이고, 비핵화 레짐인 NPT 가입 등 국제사회 참가의지와 국제제재에 대한 탈피, 보상에 대한 기대가 크고 정권유지와 체제안정이라는 국내정치적 영향이 클 때 중도형 정치지도자의 성향과 결합되면 타협형 비핵화로 갈 가능성이 높다는 것을 검증한다.

본 장의 구성은 먼저 개요 부분에서 이란의 핵개발 동기부터 경과, 핵능력 및 포기 경과 등을 제시한다. 그리고 첫 번째 독립변수인 핵포기 시 이란의 안보환경을 국제관계와 군사적 위협으로 분석하고 두 번째 독립변수인 국제규범은 이란의 비핵화 레짐과의 관계, 국제사회에서의 제재와 보상 분야로 나누어 제시한다. 세 번째 독립변수인 국내정치는 핵개발 프로그램 포기 당시 이란의 정권유지와 체제안정에 대해 분석하고 네 번째는 조절변수인 정치지도자의 성향을 분석하여 제시한다. 끝으로 위에서 제시한 독립변수와 조절변수가 어떠한 상관관계를 통해 종속변수인 타협형 비핵화가 될 수 있는지를 평가한다.

---

1 JCPOA는 Joint Comprehensive Plan of Action 의 약자로서 2015년 7월 14일 오스트리아 빈에서 합의했다. The White House, "The Iran Nuclear Deal: What You Need to Know About the JCPOA", https://www.wh.gov/ 검색일 2022. 3. 6.

제1절 개요

1. 핵무기 개발 요인

이란은 1950년대부터 팔레비 국왕 하에서 미국의 지원으로 원자력 프로그램을 시작한 원자력 선도국이다. 또한 핵확산금지조약(NPT)을 1968년에 서명하고 1970년에 비준한 핵비확산 선도국이다. 이란은 1959년 미국과 방위조약을 체결한 친미국가로서 미국의 지원을 받아 원자력을 발전시켰다. 그러나 1979년 이란 혁명으로 반미정부가 들어선 이후 독자 핵정책을 추구하기 시작하였다.[2]

이란의 핵개발 동기도 시작은 정치 및 안보와 관련이 있다. 1970년~80년대에 경쟁국이자 전통적인 적대국이었던 이라크의 핵개발 추진과 1979년 이슬람 정통주의 정권 집권 후 핵무기를 보유한 이스라엘과의 관계악화가 요인으로 작용하였다고 할 수 있다.[3] 세부적으로 핵무기

---

2 Schaffer Brenda, "Iran at the Nuclear Threshold", *Arms Control Today*, Washington, D.C Arms Control Association (November, 2003), p. 3.

3 정성임 · 강성철 · 노태훈 · 박뿌리 · 한정헌, "핵협상 조건과 북핵 협상의 재검토", 『국가전

개발 요인을 살펴보면 다음과 같다.

첫째, 무엇보다도 주변국인 이스라엘의 핵무기 보유로 인한 안보 불안감을 해소하고 자신들의 이슬람 정권을 유지하기 위한 것이었다. 1980년부터 8년간 이어진 이란-이라크 전쟁을 통해 좌절과 고통을 경험하였고 안보 불안을 해소하는 억제책으로 핵무기의 보유가 중요하다고 인식하였다. 지역 패권을 놓고 사우디아라비아와 경쟁하고 있는 상황에서 핵무기 보유는 안보적인 억제책을 마련하는 것이었다. 핵무기를 보유하게 될 경우 미국, 이스라엘, 사우디아라비아에 대항하여 수니파 종주국으로서의 목소리를 낼 수 있기 때문이었다.[4] 특히, 미국과의 관계에 있어서 이슬람 혁명 이후 이란은 최대 공적이 되었다. 2002년 1월에 있었던 부시 미국 대통령의 '악의 축' 발언은 이란을 크게 자극하였다. 이란은 미국이 이란 적대시 정책을 추진하고 이란 정부를 전복하려 한다는 의심을 감추지 않았다. 미국의 이라크 침공과 이스라엘의 핵무장은 이란에게 더욱 핵무장의 필요성을 인식시켰다. 그러다가 2001년 뉴욕 무역센터 테러사건 이후 미국이 세계규모의 대테러 전쟁을 전개했고 2003년에는 이라크를 공격했다. 따라서 이란은 머지않아 자신도 미국의 직접적인 군사공격 또는 간접적인 정권붕괴 공작의 대상이 될 것이라고 믿었다.[5] 주변의 안보환경이 이란을 핵무장으로 몰고간 것이었다.

둘째, 이란은 핵개발을 주권보호 차원에서 접근하고 있다. 이스라

략』 제22권 1호(2016), p. 49.

4 김일수, "트럼프 행정부의 대 이란 정책: 쟁점 및 전망", 『정치정보연구』 제22권 1호(2019), p. 106.

5 전봉근, "'로잔' 이란 핵 잠정 합의와 외교안보적 함의", 국립외교원 외교안보연구소 주요 국제문제 분석(2015. 4). p. 4.

엘의 핵보유를 미국이 용인하고 인도와 파키스탄의 핵개발을 미국이 묵인한 것은 이중 잣대이다. 그러므로 자신들에게만 압박하는 미국의 요구에 굴복할 수 없다는 것이다. 이란국민들은 테헤란 정부의 우라늄 농축과 핵개발을 지지하며 유엔과 미국의 제재에 반발하였다.

셋째, 이란은 핵개발과 관련해서 에너지 수급의 다변화를 위해 핵발전소가 필요하다는 입장을 견지하고 있다. 이란은 석유대국임에도 불구하고 정유시설의 낙후 때문에 외국으로부터 휘발유를 수입하고 있는 실정이다. 인구가 증가함에 따라 전력이 부족하다고 강변하고 있다.

이란의 핵개발 동기를 요약하면 안보환경과 이슬람 패권국 지위유지, 국내 정치적 이유로서의 주권보호, 에너지 개발, 지도자의 강력한 의지에 의해 추진되었음을 알 수 있다.

2. 핵개발 프로그램 경과

이란이 핵개발 프로그램을 추진하게 된 경과를 살펴보면 다음과 같다.

1) 초기 핵 프로그램

이란의 민간 핵에너지 프로그램은 모하마드 레자 팔라비가 권좌에 있을 때 1967년 5Mw 연구용 원자로를 미국으로부터 구매하면서 시작하였다.[6] 1970년 처음으로 핵확산금지조약(NPT)에 가입한 이후, 모하마드 레자의 핵에너지 프로그램은 미국, 프랑스, 서독 등 서구열강의 지원을 받았고, 이들 나라들이 이란에 원자로와 관련 기술을 전해주었다.[7]

1970년대 처음으로 이란이 핵무기 개발을 시작했을 때는 이슬람권 내에서 이라크와의 맹주 다툼 또는 강자로서의 부상을 모색했었다. 당시 이스라엘에 대한 견제는 부수적인 목적이었다. 왜냐하면 1970년대에는 이란의 미국, 이스라엘과의 관계가 양호했던 시기였기 때문에 이들 국가로부터 안보위협을 느낄 이유가 없었기 때문이다.

1979년에 이란은 핵무기용 원료 개발과 무기개발을 위해 공개적으로 민간차원의 핵프로그램 개발을 선언하였다.[8] 미국은 당시 모하마드 레자가 걸프만에서 지역을 안정화시키는 역할을 내심 기대하고 있었기 때문에 정계의 고위층은 이란의 초기 핵개발 기도를 간과하고 있었다.

2) 경수로 건설

아야톨라 호메이니의 부상 이후 이란의 핵프로그램은 큰 피해를 입은 이라크와의 전쟁이 발발한 1984년까지 중단되었다.[9] 이란은 이라크

---

6 Nuclear Threat Initiative, "Iran Nuclear Overview" (25 Jun, 2020), https://www.nti.org/analysis/article/ 검색일 2022. 3. 6.

7 Quillen Chris, "Iranian Nuclear Weapon Policy: Past, Present and Possible Future", *Middle East Review of International Affairs*, Vol. 6, No. 2 (Jun, 2002), p. 17.

8 Nuclear Threat Initiative, "Iran Nuclear Overview" (25 Jun, 2020), https://www.nti.org/analysis/article/ 검색일 2022. 3. 6.

9 Giles F. Gregory, "The Islamic Republic of Iran and Nuclear, Biological and Chemical

와의 전쟁을 통해 극심한 손실을 겪었다. 그 전쟁에서 이라크는 화학무기를 사용했다. 그것은 이란으로 하여금 이라크의 대량살상무기에 상응한 군사력을 갖춰야 한다는 목소리가 부상하게 되었다. 이후 자연스럽게 화학, 생물학무기와 핵무기 개발로 정치, 군사적 관심이 이어졌다.[10]

1979년부터 1981년까지 이란에서 발생한 미 대사관 인질사건 이후 미국의 무기금수 조치로 인해 이란은 국제사회로부터 고립되는 상황을 경험했다. 이로 인해 이란 내부에서도 핵개발에 대한 정당성을 부여해 주었다.

1989년 이란은 사그핸드 지역 부근에 우라늄광을 발견했다고 발표한다. 이후 1990년에 채광작업을 시작하게 되었고 1994년에는 농축시설 건설로 이어졌다. 1992년에 러시아는 핵연료 지원에 관한 동의에 더하여 이란 남서지역 해안지역인 부쉐하르 지역에서 경수로 건설에 대한 지원을 발표하였다. 미국이 이란에 대한 러시아의 핵개발 지원을 중지하도록 압박하는 가운데 국제사회는 여러 가지 의혹에도 불구하고 이란의 국제원자력기구(IAEA) 의정서 준수를 근거로 관련된 사안들을 수용하였다.

Weapon", Planning the Unthinkable: How New Powers Will Use Nuclear, Biological and Chemical Weapons, Cornell University Press (2000), p. 82.

10 Giles F. Gregory, "The Islamic Republic of Iran and Nuclear, Biological and Chemical Weapon", pp. 81~82.

3) 농축 우라늄 시설 건설

2002년 미국은 이란의 반정부단체인 저항국민협의회(NCR: National Council of Resistance)로부터 국제원자력기구에 신고되지 않은 핵활동 관련 정보를 받았다. 이후 나타즈와 아락 지역에서 2개의 추가 핵시설을 보여주는 위성사진을 공개했다. 이를 통해 국제사회는 2003년 2월에 아락에 중수로를, 나탄즈에 농축 우라늄 시설을 건설하고 있다는 사실을 확인했다. 이러한 공개를 통해 국제사회는 이란이 1992년에 핵확산금지조약에 위반되는 신고되지 않은 우라늄을 중국에서 수입했다는 것을 알게 되었다.[11] 당시 카타미 이란 대통령은 공개적으로 이러한 시설들이 자체 핵연료를 생산하기 위해 건설한 것이라고 발표했다.

나탄즈에 건설한 가스 원심분리기 농축시설과 함께 아락의 중수로 시설은 이란의 핵프로그램 의도에 대한 국제사회의 의구심을 자아내기 충분하였다. 두 지역에서 추출할 수 있는 핵연료의 규모는 민수용 경수로가 필요로 하는 핵연료보다 훨씬 많은 핵연료를 생산할 수 있었다. 이란은 원심분리기에 대해 불활성 가스로 장비를 시험평가 하는 것이라고 주장하였다. 그러나 국제원자력기구의 환경분석 결과는 농축 우라늄의 존재 자체를 입증하였다.[12]

---

11 Nuclear Threat Initiative, "Iran Nuclear Overview" (25 Jun, 2020), https://www.nti.org/analysis/article/ 검색일 2022. 3. 6.

12 Samore Gary, "Future of the Nuclear Nonproliferation Regime, Brussels", *International Institute for Strategic Studies, European Security Forum* (March, 2003), p. 3.

4) 핵농축 재개 선언

국제원자력기구는 이란에 핵확산 방지조약에 명시된 핵물질 관련 사실을 공표하도록 압력을 가하였다. 그동안 미국은 영국, 프랑스, 독일(유럽 3국)에 2003년 10월까지 이란이 핵시설을 전면적으로 공개하고 비정기적 핵사찰을 허용하는 의정서를 체결할 것을 요구했다. 일본과의 석유무역협정과 함께 당시 이란이 가장 원하는 유럽연합과의 무역협정 체결을 유인책으로 이란은 2003년 10월 모든 우라늄 농축을 중단하기로 합의하고 핵확산방지조약 추가 의정서를 체결하였다.[13] 그러나 2004년 8월 이란의 핵농축 재개 선언과 함께 유럽 3국이 주도하여 맺은 일련의 노력은 물거품이 되었다.

5) 국제사회의 제재와 핵개발 프로그램 가동

2005년 9월 이란의 새로운 대통령인 마흐무드 아흐마디네자드는 유럽과 미국이 어떤 이유에서든 이란 영토 내에 독립된 핵 농축시설을 가질 권한을 인정하지 않을 것이라고 확신하고 중단된 핵연료 주기작업을 재개하였다. 2006년 2월 4일 국제원자력기구 이사회는 이란을 유엔 상임위원회에 제소하기 위한 표결에 들어갔고 같은 해 이란을 돕는 국가의 활동을 불법으로 규정하였다.

---

13 Nuclear Threat Initiative, "Iran Nuclear Overview" (25 Jun, 2020), https://www.nti.org/analysis/article/ 검색일 2022. 3. 6.

유엔은 이란의 10개 정부기관과 핵무기 개발을 지원한 12명의 자산을 동결한 유엔안전보장이사회 결의안 제1696호와 제1737호를 발표했다. 그리고 이듬해 이란의 무기판매를 금지하고 금융 및 상업거래를 제한하며 핵무기 개발과 연관된 고위인사들의 여행 금지도 포함하는 결의안 제1747호를 발표하였다. 계속해서 2008년 3월에는 해외여행을 금지하는 법안에 핵무기 개발 관련 고위인사들을 추가로 등재한 제1803호가 발표되었고 2010년 6월에는 이란의 해외투자를 추가로 제재하였다.

오바마는 2010년 7월 이란의 원유산업에 대한 더욱 강력한 제재를 취할 것을 발표하였다. 하지만 그럼에도 불구하고 이란은 나탄즈 지역의 우라늄 농축과 아락 지역의 중수로 건설을 계속하였다. 20개의 새로운 핵원자로에 소요되는 핵에너지를 생산하기 위해 10여 개의 추가 핵농축 시설을 건설하는 계획을 발표하였다. 이와 함께 2009년 9월에는 콤 인근 포르도우 지역에 두 번째 핵연료 농축시설을 공개하였다. 이것은 이란 지도자들이 제재의 위협하에 있는 핵농축과 재처리 활동의 영구적, 또는 일시적 중단을 받아들일 의지가 없다는 것을 여실히 보여주었다. 이란의 핵개발 프로그램 경과를 요약하면 〈표 4-1〉과 같다.

〈표 4-1〉 이란의 핵개발 프로그램 경과 일지

연대	연도	과정
1960년대	1967	5MW 연구용 원자로를 미국으로부터 구매
1970년대	1970	핵확산금지조약(NPT) 가입
	1979	민간차원의 핵프로그램 개발 선언
1980년대	1984	이라크 전쟁 발발한 1984년까지 핵프로그램 중단
	1989	사그헨드지역 부근 우라늄광 발견 발표

연대	연도	과정
1990년대	1990	사그헨드지역 우라늄광 채광작업 시작
	1992	러시아, 이란 경수로 건설 지원 발표
2000년대	2002	미국, 이란 반정부단체로부터 핵활동 관련 정보 접수
	2003	국제사회, 아락에 중수로를 나탄즈에 농축 우라늄 시설 건설 확인 이란, 우라늄 농축 중단 및 핵확산방지조약 추가의정서 체결
	2004	이란 핵농축 재개 선언
	2005	중단된 핵연료 추가 작업 재개
	2006	국제원자력기구, 이란을 유엔상임위원회에 제소, 이란을 돕는 국가의 활동을 불법으로 규정 이란의 10개 정부기관과 핵무기 개발을 지원한 12명의 자산 동결
	2008	해외여행 금지에 이란 핵무기 개발 관련 인사 포함
	2009	콤 인근 포르도우지역 두 번째 핵연료 농축시설 공개 20개의 핵원자로에 소요되는 핵에너지 생산을 위해 10여 개의 추가 핵농축 시설 건설계획 발표
	2010	이란의 해외투자를 추가로 제재 오바마 대통령, 이란의 원유산업에 대한 제재 발표 나탄즈 지역의 우라늄 농축과 아락 지역의 중수로 건설 계속

※ 이 표는 NTI, "Iran Nuclear Overview"를 참고하여 작성하였음.

3. 핵능력 및 포기 경과

핵무기를 제조할 때 최대의 기술적, 재정적 난관은 무기용 핵분열 물질인 고농축 우라늄과 플루토늄을 확보하는 것이다. 따라서 국가들이 핵무장을 추진할 때 시간, 재원과 연구개발역량의 가장 큰 몫을 핵분열 물질 획득에 투입한다. 따라서 일단 농축과 재처리기술 또는 고농축 우라늄과 플루토늄을 보유했다면 그 국가는 핵잠재국으로 불린다. 확보한 핵분열 물질에 약간의 추가적인 제조기술로 핵무기를 제조할 수 있기 때문이다.

이란은 1970년대 중반 이후 민감 핵기술의 이전을 규제하는 핵비확산국제 레짐의 통제를 극복하고 새로이 농축 재처리기술을 획득한 국가이다. 1970년대 이후에 핵 암시장과 자체 기술개발을 통해 농축과 재처리기술을 확보했다. 2015년 첫 핵합의 당시 민감 핵시설의 가동과 민감 핵물질의 축적은 비핵국가로서 매우 과도할 정도로 진전되어 있었다. 2015년 당시 이란의 핵물질과 물자는 다음과 같다.[14]

> 첫째, 당시 나탄즈와 포르도의 총 3개소에 농축시설을 보유했다. 여기서 보유한 원심분리기는 총 1만 9천기에 달했다. 2015년 JCPOA 합의 당시 20% 농축우라늄 1만 kg을 보유하고 있었다. 둘째, 아락지역에 중수로를 건설했다. 중수로는 국제사회가 이란이 핵개발을 위해 농축경로 외에 재처리 경로도 추진한다고 판단하게 하였다. 셋째, 2011년 IAEA 보고에 따르면 파르친 군사기지에 핵무기 개발의 증거로 보이는 핵탄두 고폭 실험을 위한 격납용기가 설치되어 있다고 판단했다.

이와 같은 핵시설과 핵활동을 감안한 이란의 핵능력은 브레이크 타임, 즉 핵무장 선언 후 핵무기 1기용 핵분열물질 확보까지 걸리는 시간이 2~3개월밖에는 남지 않는 것으로 평가했다.

핵포기 경과로 2010년대 초까지 핵개발을 둘러싸고 서방과 이란의 갈등이 고조되는 가운데, 2013년부터 핵협상의 정치적 환경이 급변하고 실제 협상이 급진전되었다. 그런 배경에는 다음과 같은 사건이 있었다.

---

14 전봉근, "'로잔' 이란 핵 잠정합의와 외교안보적 함의", p. 7.

첫째, 2013년 6월 로하니가 대선에서 크게 승리하였다. 강경파 지도자에서 중도파 지도자로의 전환은 핵포기 결정에 중대한 변화를 초래했다. 신임 로하니 정부는 외교적 고립 탈피와 제재 해제를 국정목표로 제시했다. 이를 위해 외무장관과 원자력 책임자를 교체하여 핵협상 타결로 방향을 전환했다.[15]

둘째, 미국에서도 변화가 있었다. 오바마가 직접 핵문제 해결을 위해 나섰다. 그는 취임하면서부터 탈냉전 완성을 위해 이란 지도자와 직접 소통을 하겠다고 했다. 2013년 9월 오바마는 로하니와 직접 전화 통화하고 핵협상 추진에 합의했다. 또한 이란에서는 종교지도자가 최고 정책결정을 내린다는 특수성을 감안하여 하메네이 최고지도자와 서신교환으로 소통채널을 구축했다. 오바마가 승인함에 따라 2013년 3월부터 비밀리에 협상을 시작했으며 2013년 9월 공개 핵협상을 시작했다.[16]

셋째, 이란의 종교지도자들이 종교적 이유를 들어 핵무기를 배척했다. 2012년 하네마이는 반핵무기 입장을 선언했다.[17]

2013년 2월부터 안보리 상임이사국인 P5+독일과 이란 간 협상이 본격화 되었다. 핵협상 결렬과 재개를 거듭한 끝에 2013년 11월 24일 제네바에서 포괄적 공동행동계획에 잠정합의 함으로써 핵문제 해결을 위한 획기적인 전기가 마련됐다. 동 합의에서 이란은 핵활동 중 일부를 일시적으로 동결하고 서방측은 경제제재를 부분적으로 완화하며, 또한

---

15 Nadler Alireza, "Rouhani's Election: Regime Retrenchment in the Face of Pressure", *RAND Office of External Affairs* (Jun, 2013), pp. 4~7.

16 전봉근, "'로잔' 이란 핵 잠정합의와 외교안보적 함의", p. 6.

17 하메네이는 방송에서 '핵연료를 생산하는 핵기술은 이란의 존엄이며 자랑이지만, 핵무기 보유는 죄이며 불필요하고 해로우며 위험하다"고 발언했다. WIKIPEDIA, "Ali Khamenei", https://www.en.wikipedia.org/wiki/ 검색일 2022. 3. 6.

양측은 추가 핵합의를 위해서 노력하기로 했다. 주요 핵활동 제한조치는 핵분열 물질의 보유 재고 제한과 민간 핵시설 가동의 제한 또는 중단, 그리고 핵시설과 활동에 대한 감시활동을 강화하고 관련 정보를 추가로 제공하는 것이다. 이에 따라 안보리, EU, 미국 등은 제재를 단계적으로 해제하기로 하였다.

이란과 P5+1(독일)은 실무협상을 계속 벌였고 2014년 1월 13일 공동행동계획을 확정하였다. 이 합의에서 이란은 향후 6개월간 20% 농축 우라늄을 제거하고 농축시설 일부를 해제하기로 합의하였다. 이란은 이행상황에 대한 검증을 위해 IAEA 사찰에 응하기로 하였다. 이에 대한 대가로 미국과 서방은 동결되었던 해외자산 42억 달러를 단계적으로 해제하기로 약속하였다.[18] 그러나 협상의 진행은 순조롭지 못했고 계속 연장되었다. 미국과 서방은 원심분리기 1만여 개에서 6,000여 개로 줄일 경우 경제제재를 점진적으로 완화하겠다고 제안하였다. 이란이 협상 이행 약속을 중간에 파기하지 않도록 하기 위해 제재를 단계적으로 해제하겠다는 것이 목적이었다. 이에 이란은 즉시 유엔안전보장이사회의 제재 해제를 요구하였다.

2015년 4월 P5+1(독일)과 이란은 포괄적 핵협상 마감을 연장하면서 잠정합의안을 이끌어 냈다. 합의내용은 이란이 핵무기 생산에 필요한 핵물질을 얻는 데 소요되는 시간을 1년 이상으로 늘리는 것이었다. 잠정안의 구체적인 내용은 우라늄을 농축할 수 있는 원심분리기 19,000여 개를 6,100여 개 수준으로 감축하는 것이다. 또한 향후 15년 동안 3.67% 이상의 농축 우라늄 생산을 중단하고 저농축 우라늄 재고를

---

18 WIKIPEDIA, "JCPOA", https://www.en.wikipedia.org/wiki/ 검색일 2022. 3. 6.

300kg으로 감축하며 IAEA의 핵시설 사찰에 동의한다는 내용을 포함하고 있다. 이후 2015년 7월 14일 JCPOA(포괄적 공동행동계획)를 체결하였다. JCPOA는 합의문 본문과 5개의 부속합의서로 구성되는데 주요 내용은 다음과 같다.[19]

첫째, IAEA는 핵시설로 의심되는 모든 시설에 사찰을 요구할 수 있다. 사찰을 요구하고 14일 이내 이란이 동의하지 않으면 이란과 P5+1(독일), EU로 구성된 중재기구가 협의한다. 둘째, 미국 및 EU의 경제와 금융제재는 IAEA 사찰 결과가 나온 후에 해제하기로 하였다. 또한 유엔안전보장이사회는 IAEA의 핵사찰이 완료되면 2006년 이후 채택한 대이란 경제제재를 해제하기로 하였다. 그러나 유엔의 무기 금수조치는 5년간, 탄도미사일 제재는 8년간 유지하며 위반 시 미국은 합의를 파기할 수 있는 스냅백 조건을 포함하였다. 셋째, 이란과 P5+1(독일)은 최소 2년 주기로 타결안을 제대로 이행되는지에 대해 공동으로 점검하기로 하였다.

본 합의에 대해 로하니는 불필요한 위기가 해소되고 새로운 지평이 열릴 것이라고 밝혔다. 또한 협상에 참가했던 프랑스의 파비우스 외무장관은 최소한 10년간은 핵무기 개발을 막을 수 있을 정도의 타결안이라고 평가하였다.[20] 이란의 핵포기 과정 일지를 표로 정리하면 〈표 4-2〉와 같다.

---

19 The White House, "The Iran Nuclear Deal: What You Need to Know About the JCPOA", https://www.wh.gov/ 검색일 2022. 3. 6.

20 김일수, "트럼프 행정부의 대 이란 정책: 쟁점 및 전망", p. 111.

〈표 4-2〉 이란의 핵포기 과정 일지

연 대	연 도	과 정
2010년대	2013	중도파 로하니가 대선에서 승리 로하니 정부는 외교적 고립 탈피와 제재해제를 국정목표로 제시 오바마가 로하니와 직접 통화하고 핵협상 추진 합의 오바마, 이란 최고지도자 하메네이와 소통채널 구축 비밀리에 이란과 핵협상 개시 공개 핵협상 시작 안보리 P5+1(독일)와 이란 간 협상 본격화 제네바에서 포괄적 공동행동계획 잠정합의 서명
	2014	안보리 P5+1(독일)와 실무협상 및 공동계획 확정 이란, 유엔안보리의 제재 결의 해제 요구
	2015	포괄적 핵협상 마감을 연장하면서 잠정협의안 도출 이란 핵합의인 JCPOA(포괄적 공동행동계획) 체결

※ 이 표는 전봉근, "'로잔'이란 핵 잠정 합의와 외교안보적 함의", WIKIPEDIA, "Negotiations Leading to the Joint Comprehensive Plan of Action"을 참고하여 작성하였음.

제2절 안보환경

1. 국제관계

이란의 안보환경은 매우 열악하다. 세계 초강대국인 미국과 적대관계, 역내 군사적, 정치적 숙적인 이스라엘과 적대관계, 그리고 사우디아라비아와는 역내 종교적, 정치적 패권을 위한 전략적 경쟁관계이다. 이러한 국제관계를 본다면 최선의 안보정책은 핵무장 외에는 없다고 할 수 있다. 특히, 핵무장국인 미국 및 이스라엘과의 적대관계는 이란이 핵무장을 해야 하는 요인이 되기도 하였다.

그러나 이란은 2015년 핵무장에서 후퇴를 선택했다. 핵포기 당시의 국제관계를 살펴보면 오바마 정부의 출범 이후 미국의 주도하에 국제사회는 강력한 제재를 지속적으로 강화했다. 특히, 미국은 국제사회를 동원한 경제와 금융제재를 통해서 이란을 지속적으로 압박하였다. 부시정부가 추진한 반테러와 핵비확산 정책으로 이란정부는 미국과 크게 대립하였다.

핵포기 당시의 이란의 국제관계는 핵개발 프로그램 때문에 국제사회로부터 비우호적인 상태가 유지되었지만 안보리 상임이사국 5개국과 독일 등을 중재국가로 하는 타협 가능성은 열려 있었다. 즉, 이란의 국제관계는 비우호적인 상태에서 악화되고 있는 상태였지만 타협을 할 수 있는 중재국가인 안보리상임이사국과 독일이 있었다는 사실은 핵을 포기할 수 있는 간접적인 동기로 작용되었다고 할 수 있다.

2. 군사적 위협

이란이 핵개발 프로그램을 추진하게 된 것은 무엇보다도 주변국인 이스라엘의 핵무기 보유로 인한 안보 불안감을 해소하고 자신들의 이슬람 정권을 유지하기 위한 것이었다. 또한 지역패권을 놓고 사우디아라비아와 경쟁하고 있는 상황에서 핵무기 보유는 안보적인 억제책을 마련하는 것이며 핵무기를 보유하게 될 경우 미국, 이스라엘, 사우디아라비아에 대항하여 수니파 종주국으로서의 목소리를 낼 수 있기 때문이었다. 특히, 미국과의 관계에 있어서 부시의 2002년 1월 이란에 대한 '악의 축' 발언은 이란을 크게 자극하였다. 이란은 미국이 적대시 정책을 추진하고 이란 정부를 전복하려 한다는 의심을 감추지 않았다.

그런데 2001년 뉴욕 무역센터 테러사건 이후 미국이 대테러 전쟁을 전개했고 2003년에는 이라크를 공격했다. 따라서 이란은 머지않아 자신도 미국의 직접적인 군사공격 또는 간접적인 정권 붕괴 공작의 대상이 될 것이라고 믿었다. 그리고 핵을 포기하지 않을 경우 이스라엘의 군사적 조치와 패권 경쟁국인 사우디아라비아의 핵무장을 우려한 미국이 더욱더 강력한 군사조치가 불가피한 상황에서 군사적 위협은 매우 컸다고 할 수 있다. 즉, 이란은 미국으로부터의 군사적 위협을 크게 인식하였다.

제3절 국제규범

1. 비핵화 레짐

국제적 핵비확산을 위한 핵확산금지조약인 NPT와 국제원자력기구인 IAEA와 이란의 관계를 살펴보면 다음과 같다.

미국은 냉전기간 동안에 팔레비 정권을 지원하면서 이란과 미국, 이란과 이스라엘은 우호적인 관계를 지속해왔다. 미국은 친미 성향의 팔레비 왕조시절인 1967년 테헤란에 핵연구센터 설립을 지원하였다. 이후 이란은 1968년에 NPT에 가입하였고 1970년 조약에 비준하였다. 1975년에는 미국과 핵협정을 체결하였고 60억 달러어치의 원자력 에너지 장비를 사들였다. 이처럼 1979년 이전까지는 미국 및 프랑스 등과 협력관계를 유지하였다.

이란은 NPT 체제 가입을 지속적으로 유지하면서 국제사회에 참가 의지를 가지고 있었다. 2002년 이란이 나탄즈 지역에 우라늄 농축시설을 보유하고 있다는 의심을 받을 때도 핵발전을 위한 저농축 우라늄 생산 입장을 견지했다. 그리고 2005년 IAEA가 이란 핵문제를 유엔안보리에 회부할 때도 NPT나 IAEA에서 탈퇴를 하지 않고 비핵화 레짐에 참여하였다.

또한 이란은 안보리 상임이사국 5개국+독일과 JCPOA를 체결한 이후에도 NPT에 지속적으로 참가하고 IAEA에서 시행하는 사찰을 받겠다고 합의함으로써 국제규범인 비핵화 레짐에 지속적으로 참여하였다. 즉, 이란은 핵개발 프로그램을 추진하고 핵을 포기하는 핵합의 과정에서 모두 비핵화 레짐에 지속적으로 참여함으로써 국제사회의 일원이 되겠다는 참가 의지를 강하게 가지고 있었다.

2. 제재와 보상

국제사회는 이란과의 협상과 동시에 유엔안전보장이사회의 제재를 가했다. 2006년부터 2010년까지 6번에 걸쳐 유엔의 대이란 제재가 결의되었다. 이 결의안들을 통해 이란은 IAEA의 핵활동 조사에 협력해야 하고 중수로 원자로 건설을 중지해야 하며, IAEA의 안전조치협정에 비준할 것을 요구받았다. 만약에 불응할 경우 금융자산 동결, 경제제재 조치를 검토하겠다고 밝혔다.[21]

2차 제재에는 핵활동 금지, 미사일과 관련된 품목 수출 금지, 그리고 정부기관 및 개인에 대한 자산 동결이 지정되었다. 유엔안전보장이

21 Security Council Imposes Sanctions on Iran for Failure to Halt Uranium Enrichment, Unanimously Adopting Resolution 1737 (2006), https://www.un.org/press/en/2006. 검색일 2022. 3. 6.

사회 결의안 제1929호는 핵과 관련하여 해외에서 우라늄을 채광할 수 없고 핵 · 미사일 관련 통제품목, 기술의 사용과 관련된 상업적 이익을 취득할 수 없게 하였다. 이외에도 여행금지 대상 추가 및 확대, 자산동결 대상자 추가 등 경제와 금융제재를 강화하였다.

국제제재의 결과 2010년대 들어 이란의 경제가 급속히 악화되고, 개개인은 제재로 인한 고통을 느끼기 시작했다. 미국은 2012년 국방수권법에 따라 이란 산 원유 수입과 금융거래를 금지시켰다. 미국이 이란과 거래하고 있는 모든 국가, 기업, 개인을 처벌하는 포괄적인 제재법을 집행하면서 석유수출이 급감하였고 화폐 가치가 급락했다. 이로 인해 이란은 경제난이 증가하여 국민들이 정부에 대한 불만을 표출하게 되었다.

이란이 안전보장이사회 상임이사국+독일과 핵합의 이후 미국과 유럽연합은 이란을 대상으로 시행하였던 경제 및 금융제재를 상당 부분 해제하였다. 주요 해제 내용은 원유 · 천연가스, 석유화학 제품 교역 및 투자, 비 미국기업 및 개인에 대한 제재, 해운 · 조선, 항만 분야 및 자동차, 알루미늄, 철강거래, 해외 금융기관 자금거래, 이란 해외 금융자산 동결 해제 등이었다.[22] 핵개발 프로그램 포기가 이란의 경제난을 극복할 수 있는 경제보상을 가져왔다고 할 수 있다. 즉, 핵개발 프로그램 추진에 대한 미국 및 국제사회의 제재의 강도가 커진 것과 핵포기로 인한 경제적 보상은 이란이 국제사회와 핵합의를 통해 핵을 포기하게 되는 데 영향을 주었다고 할 수 있다.

---

22 Ishaque Waseem · Ullah Aman · Shah Syed Jawad, "Iranian Nuclear Deal: Challenge for Regional and Global Strategic Management", *Global Political Review*, Vol. 2, No. 1 (2017), pp. 5~6.

제4절 국내정치

1. 정권유지

국제제재의 결과 2010년대 들어 경제가 급속히 악화되고, 개개인은 제재로 인한 고통을 느끼기 시작했다. 특히, 이란경제는 석유수출에 크게 의존하고 개방경제의 성격도 있어 제재에 취약했다. 이런 이유로 중산층과 청년층은 정부에 대한 불만을 표출하기 시작했고 선거를 통해 그 의사를 적극적으로 표시했다. 이들은 이슬람 혁명 이후 내핍 경제에 익숙했지만 더 이상 제재의 고통을 감내하기를 거부했다.

2013년에 로하니가 압도적인 우세로 정권교체에 성공한 것도 국제제재에 대한 국민들의 불만과 미국과의 관계개선을 바라는 기대가 표출된 것이었다. 중도성향의 로하니 정부는 국민의 기대에 부응하여 경제제재 해제와 대미관계 개선을 핵심 국정목표로 추진했다. 물론 이를 달성하기 위해서는 핵역량의 상당 부분을 포기하고 보다 강화된 검증을 수용해야 했다. 이란 국민들은 선거를 통해 이를 양해하고 로하니에게 새로운 핵협상 임무를 부여했다. 평소 반미적이며 강경한 것으로 알려진 하메네이 최고 종교지도자도 이런 국민의 새로운 요구를 거부하지 않았다.[23] 즉, 로하니로의 국내정권의 변화와 정권유지를 위한 정책의 변화는 미국 및 국제사회와 합의를 통해 핵포기를 선택하는 데 영향을 주었다.

2. 체제안정

미국이 주도하는 강력한 경제와 금융제재의 효과는 심각한 경제난을 불러왔고 이에 대한 국민의 불만은 고조되었다. 특히, 미국이 2012년 국방수권법에 따라 이란 산 원유수입과 금융거래를 금지시키고, 이란과 거래하는 모든 국가와 기업 및 개인을 처벌하는 이란 제재법을 집행하면서 석유수출은 급감하고 화폐의 가치는 급락하는 경제위기를 가져오게 되었다.

또한 미국과 이스라엘은 이란의 핵개발 프로그램에 맞서 제재와 병행하여 군사적 압박을 계속해서 실시하고 있었다. 이란 핵개발에 대한 조치로 미국과 이스라엘은 걸프만과 지중해에서 대규모의 군사훈련을 실시하였고 이스라엘은 이란에 대한 선제공격론을 들고 나왔다.[24]

로하니 정부는 체제안정을 위해서는 미국과 국제사회와의 핵협상만이 경제제재로 인한 경제난을 극복하고 미국과 이스라엘의 군사적 압

---

23 WIKIPEDIA, "Ali Khamenei", https://www.en.wikipedia.org/wiki/ 검색일 2022. 3. 6.

24 김일수, "트럼프 행정부의 대 이란 정책: 쟁점 및 전망", p. 106.

박에서 벗어나는 유일한 길이라고 생각하게 되었고. 미국 등 국제사회와 적극적으로 핵협상에 나서게 되었다. 즉, 국내정치 상황 중 미국과 국제사회의 경제제재와 군사적 위협은 이란의 국가체제를 안정시켜야 하는 로하니의 핵포기 결정에 영향을 주었다고 할 수 있다.

제5절 정치지도자의 성향

1. 로하니(Hassan Rouhani)의 성향

2013년 대통령 선거에서 승리한 로하니는 이란 내외부에서 중요한 변수의 선구자로 인식되었다. 특히, 이념적 한계를 별로 중시하지 않는 개혁주의 중도성향의 정치지도자였다.[25] 그의 집권으로 이란은 세계무대에서 이전 8년과는 상당히 다른 새로운 이미지를 제시하게 되었다.[26]

로하니의 주요 메시지를 살펴보면 다음과 같다.[27]

먼저 로하니는 2013년 선거시 연설에서 당선되면 민권헌장 준비, 경제회복, 서방국가들과의 관계 개선을 강조하였다. 그리고 소수민족 및 종교적 소수자의 권리를 옹호하였다. 2013년 당선 후 연설에서는 세

---

25 Osiewicz Przemyslaw, "Ideologizing and Fundamentalism in Iranian Foreign Policy under the Hassan Rouhani Presidency", *JEMEAA-VIEW* (Winter 2019), pp. 112~113.

26 Zaccara Luciano, "Foreign Policy of Iran under President Hassan Rouhani's First Term (2013~2017)" (Jun, 2020), p. 58.

27 WIKIPEDIA, "Hassan Rouhani", https://www.en.wikipedia.org/wiki/ 검색일 2022. 7. 8.

계와 이란의 관계 재조명과 더 큰 개방, 국제적 위상 및 신뢰회복을 위해 원자력 투명성 제고를 약속하였다. 2014년 3월에는 문화, 미디어와 관련하여 개인의 자유, 정보에 대한 자유로운 접근과 여성에게 평등한 기회보장을 강조하였다. 2015년 3월 핵합의 추진을 위해서 각국의 정상들에게 서한 및 전화를 걸어 협력을 부탁하였다.

로하니가 시행한 주요 정책으로 국내정책은 개인의 자유와 정보에 대한 접근 장려, 여성의 권리 향상을 강조하였다. 경제정책으로는 부의 격차를 줄여 경제상황을 개선하고 부의 공평한 분배와 저소득층의 직·간접지원 확대를 추진하였다. 또한 대외정책으로는 화해서한 교환으로 외교관계를 개선하였고 경제제재 해제와 대미관계 개선을 국정목표로 추진하여[28] 실용적인 정책을 지향한 것임을 알 수 있다. 또한 핵협상간에도 협상목표를 조정하여 핵합의가 가능하도록 하였고[29] 이란의 경제제재 해제를 위해 포괄적공동행동계획인 JCPOA를 체결하였다.

이상에서 살펴본 바와 같이 로하니의 메시지와 시행한 정책을 살펴보면 그는 중도주의, 개혁주의, 실용주의 성향을 가지고 있는 것으로 분석할 수 있다.

로하니의 주요 메시지와 시행한 정책을 통해 정치지도자의 성향을 분석한 결과는 〈표 4-3〉과 같다.

본 연구에서 분류한 정치지도자의 성향은 강경/비합리적 성향, 중도 성향, 온건/합리적 성향이다. 핵포기를 결정한 로하니의 성향인 중도

---

28 Jalilvand R. David, Vogt Achim, "Radicalization During the Rouhani's Year: Iran's Political and their Implications", *FRIEDRICH EBERT STIFTUNG* (Mar, 2021), p. 14.

29 Davenport Kelsey, "Timeline of Nuclear Diplomacy With Iran", *Arms Control Association*, https//www.armscontrol.org 검색일 2022. 1. 17.

주의, 개혁주의, 실용주의 성향은 타협이 가능한 중도 성향으로 분류할 수 있다. 즉, 로하니의 중도 성향이 이란이 미국 및 국제사회와의 핵합의에 나서게 하였고 핵개발을 포기하는 데 영향을 주었다고 할 수 있다.

〈표 4-3〉 메시지와 정책을 통해 분석한 로하니의 성향

주요 메시지	주요 정책	성 향
- 2013년 선거 시 · 당선되면 민권헌장 준비, 경제회복, 서방국가들과의 관계개선 강조 · 소수민족 및 종교적 소수자의 권리 옹호	- 국내정책 · 개인의 자유, 정보에 대한 자유로운 접근 장려 · 여성의 권리 향상	중도주의
- 2013년 당선 후 · 세계와 이란의 관계 재조명 약속 · 더 큰 개방, 국제적 위상 회복, 국제적 신뢰 회복 위해 원자력 투명성 제고 약속 - 2014년 3월 문화/미디어 · 개인의 자유, 정보에 대한 자유로운 접근 · 여성에게 평등한 기회 강조	- 경제정책 · 부의 격차를 줄여 경제 상황 개선 · 부의 공평한 분배와 저소득층의 직간접 지원 확대 - 대외정책 · 화해서한 교환으로 이란의 외교관계 개선 · 경제제재 해제와 대미관계 개선을 국정목표로 추진	개혁주의
- 2015년 3월 · 핵협상의 긍정적인 진전을 위해 서한 및 전화	· 핵협상 간에도 협상목표를 조정하여 핵합의 가능토록 추진 · 이란의 경제제재 해제를 위해 P5+1과 JCPOA 체결	실용주의

※ 이 표는 Zaccara Luciano, "Foreign Policy of Iran under President Hassan Rouhani's First Term(2013~2017)", WIKIPEDIA, "Hassan Rouhani"를 참고하여 작성하였음.

2. 로하니의 핵포기 정책

이란에서 농축이 갖는 정치적 상징성과 전략적 필요성을 감안할

때 농축역량의 축소 결정은 오직 정치지도자만이 할 수 있는 중대한 정치적 결정이었다. 로하니는 비핵국가가 핵무기를 개발하고 전면적인 농축활동을 추진하게 되면 직면하게 될 국제제재를 명확하게 인식하고 있었다. 특히, 주변국으로부터 절체절명의 긴박한 안보위협이 부재한 상황에서 핵무장 대신 낮은 단계의 핵옵션 즉 핵잠재력을 유지하는 전략을 추진하게 되었는데 이 입장은 국가의 전략으로 명백해졌다.[30]

진행된 핵협상의 경과는 다음과 같다. 2013년 제네바에서 첫 P5+1(독일) 협상이 시작되었고 2013년 11월 이란 핵협상이 타결되었다. 6개월간 이란 핵개발 프로그램 및 중수로 건설을 중단할 경우 서방은 70억 달러 규모의 제재를 해제한다는 내용을 포함하였다. 2015년 4월, 2002년 이후 지속되었던 농축 중단 합의와 파기, 유엔의 제재가 반복되었던 상황에서 이른바 '포괄적 협상'을 발표하였는데 내용의 핵심은 이란이 핵무기를 생산하는 데 필요한 핵물질 취득에 걸리는 시간을 1년 이상으로 늘리는 것이었다. 이후 2015년 7월 14일에 P5+1(독일)과 핵합의인 JCPOA(포괄적 공동행동계획)를 체결하였다.[31]

로하니는 핵무기보다 경제난 극복을 원했던 이란 중산층의 요구를 수용하면서 대화로 문제를 해결하였다. 결정적으로는 더 이상 농축 우라늄을 축적하지 않겠다는 조건을 제시하여 향후 10년 동안은 신형 원심분리기를 포함한 농축 연구와 개발을 계속할 수 있도록 보장받았다.[32]

---

30 Alexia Petrovics Ariel, "Inducing Nuclear Reversal: Foreign Policy Effectiveness and Deproliferation", Doctor of Philosophy, University of California Davis (2019), pp. 144~147.

31 Jalilvand R. David · Vogt Achim, "Radicalization During the Rouhani's Year: Iran's Political and their Implications", p. 23.

32 Alexia Petrovics Ariel, "Inducing Nuclear Reversal: Foreign Policy Effectiveness and

즉, 로하니의 중도성향에 따라 추진되어온 이란의 미국과 국제사회와의 핵합의 정책과정과 절차는 향후 협상을 통해 핵을 포기시키기 위해 적용할 수 있는 모범적인 정책이라고 할 수 있다.

Deproliferation", p. 151.

제6절 평가

이론적 분석틀에서 타협형 비핵화는 국제관계가 우호적이지 않고 군사적 위협이 커서 전반적인 안보환경이 비우호적으로 변하고, 비핵화 레짐인 NPT 가입 등 국제사회 참가의지와 국제제재에 대한 탈피와 보상에 대한 기대가 크고, 정권유지와 체제안정이라는 국내정치적 영향이 클 때 중도형 정치지도자의 성향과 결합되면 타협형 비핵화로 갈 가능성이 높다고 제시하였다.

이란의 핵포기에 영향을 준 변수들을 정리하면 다음과 같다.

첫 번째, 안보환경으로 핵포기 당시 이란의 국제관계는 핵개발 프로그램 때문에 미국과 국제사회의 제재로 인해 비우적인 상태가 지속되었다. 하지만 안보리 상임이사국 5개국과 독일 등을 중재국가로 하는 타협 가능성은 열려 있었다. 군사적 위협도 핵을 포기하지 않을 경우 이스라엘의 군사적 조치와 미국의 강력한 군사조치가 불가피한 상황에서 위협이 컸다고 할 수 있다. 즉, 안보환경의 변화로 국제관계는 비우호적이었지만 중재국가가 있어 타협 가능성이 있었고 군사적 위협이 큰 상태에서 타협형 비핵화의 안보환경 조건을 충족하였다.

두 번째, 국제규범으로 먼저 비핵화 레짐은 핵개발 포기 당시 이란은 NPT에 가입된 상태에서 조약에 비준하였다. 그리고 국제사회의 비난과 제재를 받는 상황에서도 대부분의 안전조치를 수용하였다. 그만큼 국제사회에 참가하려는 의지가 높았다고 할 수 있다. 제재와 보상 측면에서 이란은 국제제재의 결과 경제가 급속히 악화되었다. 반대로 핵합의를 이룬 후에는 경제, 금융제재가 상당부분 해제되었으며 경제난을 극복할 수 있는 보상을 가져왔다. 즉, 국제규범의 영향으로, 이란은 국제사회의 참가 의지가 높아 비핵화 레짐에 지속적으로 참여하고자 하였다. 또한 미국 및 국제사회의 제재와 보상은 핵을 포기할 수 있는 동기로 작용하여 타협형 비핵화의 국제규범 조건을 충족하였다.

세 번째, 국내정치의 영향으로 먼저 정권유지 면에서 중도성향의 로하니 정부는 국민의 기대에 부응하여 경제제재 해제와 대미관계 개선을 국정목표로 추진하였고 이것이 자신들의 정권유지를 위한 길이기도 하였다. 체제안정 측면에서는 국제사회의 제재로 인한 이란의 경제적 부담과 군사적 위협을 들 수 있다. 로하니 정부는 이란의 체제안정을 위해서는 핵협상만이 유일한 길이라고 생각하고 적극적으로 핵협상에 나서게 되었다. 즉, 국내정치의 영향으로 이란은 정권교체 후 국정목표의 대대적 전환으로 국민들의 요구를 충족하였고, 이로 인해 정권유지를 할 수 있었다. 여기에 국가체제를 안정시키기 위한 선택이 핵개발을 포기한 동기로 작용하여 타협형 비핵화의 국내정치 조건을 충족하였다.

네 번째, 정치지도자의 성향으로 주요 메시지와 그동안 시행한 정책을 통해 로하니의 성향을 분석해보면 그는 중도주의, 개혁주의, 실용주의 성향으로 본 연구에서 제시한 중도 성향이라고 할 수 있다. 로하니의 성향이 중도 성향이었기 때문에 핵협상을 통한 핵포기 정책이 추진된 것으로 타협형 비핵화의 정치지도자 성향 조건을 충족하였다.

이란의 비핵화 유형을 종합적으로 평가해보면 안보환경이 비우호적이고, 국제규범에 대한 영향이 컸으며 국내정치의 영향도 큰 상태에서 중도성향의 정치지도자와 결합한 타협형 비핵화 유형이다. 변수별 세부내용은 〈표 4-4〉와 같다.

〈표 4-4〉 이란의 타협형 비핵화를 위한 변수별 세부내용

안보환경의 변화: 비우호적	국제규범의 영향: 크다
- 국제관계: 비우호적이었지만 안보리 5개국과 독일 등 중재국가 보유 - 군사적 위협: 미국의 강력한 군사조치로 군사적 위협이 큼	- 비핵화 레짐: 국제사회 참가의지가 높아 비핵화 레짐 참여 희망 - 제재/보상: 국제사회 제재결과 경제가 급속히 악화, 국민불만 폭증
국내정치의 영향: 크다	**정치지도자 성향: 중도 성향**
- 정권유지: 정권교체 후 국정목표 대대적 전환으로 국민적 요구 충족 - 체제안정: 미국과 국제사회의 제재로 인한 경제난 극복이 중요	- 메시지,정책 분석결과 로하니 성향은 중도주의, 개혁주의, 실용주의임 - 이론적 틀의 성향 중 중도성향에 부합

제5장

이란의 핵포기 모델: 강제형 비핵화

제1절 개요

제2절 안보환경

제3절 국제규범

제4절 국내정치

제5절 정치지도자의 성향

제6절 평가

리비아는 카다피가 1969년 쿠데타로 집권한 이후 중동지역의 긴장 상태를 감안하여 중동과 아프리카지역에 '대량살상무기 자유지대'를 설치할 것을 촉구했다. 그러나 호응이 없자 방위능력을 스스로 확보하는 방안으로 핵무기 개발을 추진하였다.[1] 그러다가 미국과 영국에 의한 군사적 위협이 체제 붕괴를 우려할 수준으로 커지고, 국제제재로 인한 경제난이 지속되자 2003년 전략적 결정으로 핵을 포기한 사례로서 타의에 의해 강제적으로 진행된 강제형 비핵화를 논리적으로 검증할 수 있는 사례이다.

본 장에서는 독립변수인 안보환경, 국제규범, 국내정치와 조절변수인 정치지도자의 성향을 분석틀로 강제형 비핵화 즉 국제관계가 비우호적이고, 군사적 위협이 매우 커서 전반적인 안보환경이 비우호적이고, 비핵화레짐인 NPT 가입 등 국제사회 참가 의지와 국제제재에 대한 탈피, 보상에 대한 기대가 매우 크고 정권유지와 체제안정이라는 국내정치적 영향이 매우 클 때 강경/비합리적 정치지도자의 성향과 결합되면 강제형 비핵화로 갈 가능성이 높다는 것을 검증한다.

본 장의 구성은 먼저 개요 부분에서 리비아의 핵개발 동기부터 경과, 핵능력 및 포기 경과 등을 제시한다. 그리고 첫 번째 독립변수인 핵포기 시 리비아의 안보환경을 국제관계와 군사적 위협으로 구분하여 분석하고 두 번째 독립변수인 국제규범은 리비아와 비핵화 레짐과의 관계, 국제사회에서의 제재와 보상 분야로 나누어 제시한다. 세 번째 독립변수인 국내정치는 핵포기 당시 리비아의 정권유지와 체제안정 분야에

1 카다피는 집권 1년도 안 돼서 핵능력을 추구했다. Jentleson W. Bruce · Whytock A. Christopher, "Who Won Libya?: The Force Diplomacy Debate and Its Implication for theory and policy", *International Security*, Vol. 30, No. 3 (winter, 2005/2006), p. 56.

대해 분석하고 네 번째는 조절변수인 정치지도자의 성향을 분석하여 제시한다. 끝으로 위에서 제시한 독립변수와 조절변수가 어떠한 상관관계를 통해 종속변수인 강제형 비핵화가 될 수 있는지를 평가한다.

제1절 개요

1. 핵무기 개발 요인

리비아가 핵무기를 개발하게 된 요인은 안보모델과 국제규범모델, 지도자의 성향 등 3가지 측면에서 살펴볼 수 있다.

첫째, 안보모델 측면에서 리비아는 친서방 성향의 이드리스왕이 집권하고 있던 1968년 NPT 가입에 서명을 했다. 그러나 1969년 카다피가 쿠데타를 통해 국가 원수가 되면서부터 강경한 반이스라엘 정책과 함께 핵무기 보유를 추구했다.[2] 그는 집권 후 리비아의 인구가 적은 점을 고려하여 인력이 많이 소요되는 육군을 작은 인력 규모의 기술군으로 대체하는 방위정책으로 선회했다.[3] 특히, 1차와 2차에 걸친 중동전쟁에서 이스라엘에 패한 아랍연맹이 1967년 6월에 발발한 제3차 중동전

---

2 Braut-Hegghammer Maalfrid, "Libya's Nuclear Intention: Ambition and Ambivalence", Center for Contemporary Conflict, Naval Postgraduate School (2009). p. 2.

3 Forden, E. Geoffere "Lessons from past Nuclear Disarmament: What Worked, What Did Not", *SANDIA Report*, SAND 2018-8690 (Aug, 2018). p. 24.

쟁에서 또다시 참패하는 것을 목격한 후 핵무기 개발의 필요성을 더욱 더 느꼈다. 이스라엘은 1973년 제4차 중동전쟁이 끝난 후 독립했을 당시의 면적에 8배가 넘는 영토를 확보하게 되었다. 그리고 이를 지켜본 리비아는 이스라엘에 대해 더 심각한 공포감을 갖게 되면서 안보위협에 대한 대응책 마련을 고심하게 되었다. 이스라엘이 아랍과의 여러 차례의 전쟁에서 승리할 수 있었던 것은 미국이 적극적으로 지원하였기 때문이었다. 리비아에게 있어서 미국의 존재는 이스라엘과 함께 자신들의 안보를 위협하는 가장 큰 요인이었다. 카다피 정부는 반미국, 반유대 노선의 선두에 섰으며 전 세계 반체제 게릴라 단체들을 적극적으로 지원하였다.

이로 인해 미국은 1979년 12월 리비아를 테러지원국 명단에 포함시켰고 1981년 레이건 행정부가 출범하면서 리비아와 단교 조치를 시행하였다. 1986년 1월에는 미국 내에 있는 리비아 소유 자산 동결과 무역거래 금지 등 경제제재 조치를 발표하였고, 4월에는 수도 트리폴리와 벵가지의 주요 시설에 대해 폭격하기도 하였다.[4] 이처럼 리비아는 이스라엘과 미국으로 인한 안보위협 때문에 핵무기 보유를 결심하였다고 할 수 있다. 2003년 12월 19일 카다피가 핵포기를 발표한 날 리비아 정부는 별도의 성명에서 왜 대량살상무기를 추구했는지를 설명했는데 그 이유는 스스로의 방위능력을 확보하기 위해서였다.[5]

둘째, 리비아의 핵무기 개발 요인으로는 국제규범모델로서 중동 및

---

4 Nuclear Threat Initiative, "Libya Nuclear Overview" (29 Jan, 2015), https://www.en.wikipedia.org/wiki/ 검색일 2022. 3. 8.

5 Baltacharjee Anjali · Salama Sammy, "Libya's statement Announcion Weapons Abandonment Text", *Fact on File World News Digest* (19 Dec, 2003)

아프리카 지역에서의 주도권과 국제사회에서의 위상 확보를 하기 위해서라고 할 수 있다. 리비아 정부는 핵무기를 보유함으로써 이스라엘에 대응하는 중동과 아프리카국가들 중에서 주도적인 역할을 함은 물론 이집트와 같이 아랍 세계를 선도해 나갈 수 있을것이라고 생각하였다. 또한 핵무기 보유를 국가의 발전과 힘의 상징으로 인식하였다. 왜냐하면 핵개발 능력을 보유한다는 것은 발달된 과학과 기술을 확보한다는 의미였으며, '핵클럽'에 가입한다는 것을 국가의 위상을 높일 수 있는 기회로 인식하였기 때문이다.[6]

셋째, 정치지도자의 성향을 들 수 있다. 카다피는 핵무장을 통해 역내의 맹주로서 지위 향상을 노렸을 가능성이 높다. 이는 그의 자기중심적, 배타적, 대립적 성향으로 인해 핵무장을 추진했을 가능성이 높다는 것을 의미하는 것이기도 하다.

2. 핵개발 경과

1) 1960~1980년대

앞서 언급한 바와 같이 핵무기 보유 시도는 1969년 카다피 정권이 집권하면서부터 시작되었다. 당시에는 직접 핵무기를 개발하기에는 기

6 Braut-Hegghammer Maarfrid, "Libya's Nuclear Intentions: Ambition and Ambivalence", p. 3.

술적 수준이 미비하였기 때문에 외국의 지원을 받기를 원했다.[7] 1970년대 중국 및 인도로부터 핵무기 구입을 시도했으나 중국의 거부로 실패했고 계속된 실패에도 핵무기를 구입하고, 제조기술을 전수 받기 위한 시도를 계속해왔다. 1973년에 프랑스 기업인 톰슨-CFS 사로부터 우라늄 농축을 위해 필요한 20칼루트론(동위원소 분리장치) 구매를 시도했으나, 비핵국가에게 농축기술 유출을 우려했던 프랑스 정부로 인해 구입이 좌절되었다. 1976년에도 프랑스와 600Mw 원자로 구매 및 원자력 발전소 건설을 합의했지만 국제사회의 반대 때문에 무산되었다. 비슷한 시기에 소련과도 평화적 용도의 원자력 발전소 건설에 대해 논의하였고 1977년 12월 44만Kw 원자력 발전소 건설에 합의하면서 3억 3천만 달러를 지불하였다. 또한 1979년에는 소련에게 10Mw급 연구용 핵반응로를 수입하였으며 트리폴리 외곽지역인 타주라에 설치하였다.[8]

한편 1977년부터는 파키스탄과 핵 관련 협력관계를 구축하여 핵무기 개발에 필요한 지식 및 기술을 전수받기 시작했다. 1980년대 들어 핵무기 관련 지식과 기술을 전수받기 위해 파키스탄, 소련, 인도, 벨기에, 브라질, 아르헨티나 등과도 협력관계 구축을 위해 노력하였다. 1978년부터는 니제르로부터 우라늄 수입을 시작했는데, 1980년에는 300톤 규모를 수입하였다. 1984년 11월 벨기에 기업인 Belgonucleaire SA와 핵기술 전수 및 관련 장비 지원에 대한 논의했지만 미국이 압력을 가해 벨

---

7 리비아는 외국으로부터 완성된 핵무기를 구매하려는 노력이 부진하자 외국의 기술, 장비, 부품, 물질, 시설 등을 손질해서 자체 핵무기프로그램을 개발하는 방향으로 핵무기 개발 정책을 전환했다. Jentleson W. Bruce · Whytock A. Christopher, "Who Won Libya?: The Force Diplomacy Debate and Its Implication for theory and policy", p. 56.

8 Bahgat Gawdat, "Proliferation of Weapons of Mass Destruction: The Case of Libya", *International Relations*, Vol. 22(2008), p. 109.

기에 기업이 거절하면서 실패하였다. 얼마 후 소련이 설트 지역에 880Mw 용량의 원자력 발전소를 건설해주기로 약속하였고 리비아는 비용 40억 달러를 15개월에서 18개월까지 나누어 지급하기로 합의하였다.[9] 리비아는 1985년 1월 미상의 '핵보유국'으로부터 우라늄 처리 공장을 도입하였고, 미상 국가에 미처리 우라늄 100kg을 수출하였다. 한 달 후 미상의 '핵보유국'은 100kg 중 39kg을 처리하여 리비아로 보냈다.[10]

1980년대 후반부터는 우라늄을 핵무기용으로 처리하기 위한 기술 확보를 시도하였다. 타주라 원자력 연구소는 이 시기에 35~38kg의 우라늄을 처리하였고, 우라늄 처리 기술을 꾸준히 발전시키면서 대규모 처리 시설을 도입하려고 하였다.[11] 1988년 스코틀랜드의 로커비 상공에서 발생한 미 항공 팬암기 103편 폭파사건은 리비아의 핵무기 개발에 중요한 전환점이 되었다.[12] 이 사건 후 미국은 리비아를 테러지원국으로 지목하였다. 미국과 유엔은 1992년과 1996년에 제재 범위를 확대하여 석유수출을 규제하고 해외자산을 동결시켜 핵개발 프로그램 추진을 위

---

9 Nuclear Threat Initiative, "Libya Nuclear chronology", https://www.nti.org/wp-content/ 검색일 2022. 3. 8.

10 IAEA는 이 거래에 관련된 '핵보유국'이 어느 나라 인지 명시하지 않았지만 과학국제안보기구(ISIS: Institute of science and international security)의 소장 데이비드 울브라이트에 따르면 그 핵무기 보유국은 소련이나 중국으로 추정된다. NTI, "Country Profile Libya Nuclear", https://www.nti.org/countries/libya 검색일 2022. 3. 8.

11 조동준, "리비아의 비핵화 선택 연구", 세종연구소, 『북핵 문제와 한반도 평화체계-제17차 세종국가전략포럼 자료집』(2007), pp. 33~34.

12 로커비 사건은 1988년 12월 21일 런던 히드로공항을 출발하여 뉴욕으로 향하던 팬암 항공 소속의 보잉 747기가 스코틀랜드의 로커비 상공에서 공중폭발하여 270명이 숨진 참사 사건이다. 대부분이 미국인이었던 탑승자 259명과 로커비 마을의 지역주민 11명이 사망했다. 1991년 11월에 영국과 미국의 수사당국은 리비아 항공사 직원으로 활동한 리비아 정보요원이 카세트 녹음기에 장착된 폭탄을 터트려 팬암기를 폭파한 것이라고 발표했다. WIKIPEDIA, "Pan Am Flight 103", https://www.en.wikipedia.org/wiki/ 검색일 2022. 3. 8.

한 자금원을 봉쇄하였다.[13] 위에서 제시한 것과 같이 1980년대 국내 기술진과 외국의 도움을 받아 우라늄 농축기술 시설을 구비하려 했던 리비아의 계획은 미국의 압력과 국제사회의 제재 조치로 인해 성공하지 못하였다.

2) 1990~2000년대

1990년대 들어 카다피는 표면적으로는 국제 비핵화 레짐에 참여하는 것 같은 모습을 보였다. 1995년 핵무기비확산연장검토회의에서 리비아는 이스라엘이 이 합의에 참가하지 않는다는 이유를 들어 처음에는 서명을 거부했지만 결국 연장에 동의하였다. 1996년 펠린다바 조약(아프리카비핵지대조약)에도 서명하였다. 이 협약은 리비아를 포함한 아프리카의 48개 국가가 자신들의 영토 내에서 핵폭발 장치의 연구로부터 개발, 제조, 저장, 실험, 소유와 일시적인 체류까지도 금지하고 있으며, 핵폐기 물질의 투기 역시 금지하고 있다. 또한 가맹국들은 IAEA의 안전조치 협정을 체결해야 한다고 규정하고 있다.[14]

이처럼 카다피는 국제사회의 비핵화 노력에 동참하는 것처럼 행동하면서도 그 이면에서는 파키스탄의 칸박사 및 그의 조직망의 원조 하에 핵무기 개발을 지속하고 있었다. 1997년 칸 박사와 그의 조직을 활용하여 조립이 안 되어있는 L-1 원심분리기 20대를 수입하였고, 이후

13 채규철, "핵문제 해법: 기존 모델과 북한의 사례 비교", pp. 159~160.

14 Bahgat Gawdat, "Proliferation of Weapons of Mass Destruction: The Case of Libya", p. 109.

에는 200대 제조에 필요한 부품을 추가적으로 수입하였다. 같은 해 러시아와 핵무기 관련 협력에 합의하였고, 1997년 3월에는 타주라 핵연구센터 정비를 위해 러시아 기업과 800만 달러의 계약을 체결하였다.[15] 2000년 9월에는 칸 박사를 통해 L-1 원심분리기 보다 더 발전된 유럽형 디자인인 원심분리기 L-2 2개를 제공받았다. 이후 L-2의 주문을 10,000대까지 늘렸고, 2001년 말부터 2002년 초에 파키스탄은 리비아에게 핵무기 제조 디자인 및 기술과 관련된 문서를 제공하였다.[16] 리비아의 핵무기 개발 경과를 요약하면 〈표 5-1〉과 같다.

〈표 5-1〉 리비아의 핵무기 개발 경과 일지

연대	연도	과정
1960년대	1968	NPT 가입에 서명하고 1975년 비준 처리
1970년대	1975	소련과 원자로 건설(소형) 및 평화적 사용 목적의 원자력 발전소 기술 전수에 합의
	1976	60Mw 원자로를 프랑스로부터 구입, 원자력 발전소 건설(안) 합의
	1977	파키스탄과 협력을 통해 핵무기 관련 지식, 기술을 전수받기 시작 소련과 44만Kw 원자력 발전소 계획
	1978	인도와 150억 채무 변상 조건으로 핵무기 수출 관련 협상
	1979	소련에서 10Mw급 연구용 핵 반응로 수입, 타주라에 설치

15 Nuclear Threat Initiative, "Libya Nuclear chronology", https://www.nti.org/wp-content/ 검색일 2022. 3. 8.

16 Nuclear Threat Initiative, "Country Profile Libya Nuclear", https://www.nti.org/countries/ 검색일 2022. 3. 8.

연 대	연 도	과 정
1980년대	1980	IAEA의 안전조치 협정에 가입 니제르로부터 정제된 300톤 규모의 우라늄 구입
	1983	미 정부, 핵기술 전수 금지 조치
	1984	벨기에 Belgonuclearie SA에 거래 시도, 실패 소련이 설트 지역 원자력 발전소 건설을 조건으로 공사비 40억 달러를 요구(15~18개월 분할 지급)
	1985	미처리 우라늄을 핵보유국에 수출하였고(소련 혹은 중국으로 추정) 그중 39kg은 리비아에 반환
1990년대	1997	칸박사로부터 L-1 원심분리기 20개, 부품 수입
	1998	타주라의 연구용 원자력 센터 복구를 위해 러시아의 Atomenergo-cksport 사와 800만 달러 규모 계약
2000년대	2000	L-2 원심분리기 2개 제공받음 파키스탄으로 부터 L-2 원심분리기 10,000개 주문
	2001~2002	파키스탄으로부터 핵무기 관련 디자인, 부품 제조기술 등이 수록된 문서 받음

※ 이 표는 NTI, "Libya Nuclear chronology"를 참고하여 작성하였음.

3. 핵능력 및 포기 경과

리비아의 핵능력은 아직 초보적이었다는 것이 일반적인 평가이다. 당시 리비아는 무기용 핵물질과 핵무기를 생산하는 단계에는 이르지 못하였다. 그럼에도 불구하고 리비아 정권이 핵무기 생산을 위한 방향성을 갖고 이를 위한 역량을 갖추기 시작했다는 것은 사실이다. 결국 시간이 지나고, 핵무장에 필요한 물자와 기술을 습득하게 되면, 핵능력도 증가했을 것이다.

국제검증을 수용하면서 확인된 핵물질과 물자는 다음과 같다.[17]

첫째, 당시 리비아는 UF6(육불화 우라늄) 가스 1.7톤, 80% 고농축 우라늄 13kg, 우라늄 옥사이드 2,263톤 등 핵물질을 보유했다. 우라늄 옥사이드는 UF6 가스를 만드는 데 사용되고, UF6는 원심분리기에 투입하여 농축 우라늄을 만드는 데 사용된다. 핵무기 1개분의 고농축 우라늄을 생산하기 위해서는 UF6 가스 6톤을 750개 원심분리기에서 약 1년간 가동해야 한다고 한다. 둘째, 리비아가 확보한 농축 기자재는 개량형인 L-2 타입 가스원심분리기 케이싱 4,000기와 각종 부품, 그리고 구형 원심분리기가 일부 있다. L-2 원심분리기 케이싱에 고속회전을 위한 로터가 포함되어 있는지는 알려지지 않아 실제 가동이 가능한지는 알려지지 않았다. 셋째, 미사일은 800km 사정거리의 스커드 C가 5기, 그리고 300km 사정거리의 스커드 B를 많이 보유했었다. 이중 사정거리 800km의 스커드 C 미사일은 북한에서 이전받은 것으로 확인되었다.

리비아가 핵개발을 포기하게 된 경과를 살펴보면 다음과 같다.

1990년대 말부터 카다피는 경제제재 조치 등의 해제를 기대하면서 서구사회와 접촉을 시도하였다. 1999년 초에 리비아는 미국에게 테러 활동과 대량살상무기와 관련하여 비밀 대화를 제의했던 것으로 알려졌다. 2003년 3월 미국의 이라크 공습 직전 카다피의 특사단은 부시와 영국 블레어에게 대량살상무기 해체 의지가 있음을 타진하였다. 이를 계기로 리비아와 미국, 영국 간의 3개국 비밀협상이 진행되었다. 같은 해 8월 리비아는 1998년에 발생한 미 팬암기 폭파사건에 대해서도 책임지

17 Ben Aessa Ahmed Yusef, "Libyan foreign policy: A Study of Policy Shift in Libya's Nuclear Program, Doctor of Philosophy, University of Glassow (Nov, 2014), pp. 179~181.

기로 하였고, 희생자 가족들에게 수백만 달러에 달하는 보상금도 지급하기로 하였다. 그러자 유엔안전보장이사회는 국제적 제재조치 완화를 결의하였다.[18]

2003년 초부터 중반까지 대량살상무기의 포기 의사와 서구사회에 변화된 모습을 보이던 리비아는 12월 19일 마침내 대량살상무기와 관련된 모든 프로그램을 해체하겠다고 공식적으로 발표하였다.[19] 이러한 공식 선언 이후 대량살상무기 해체 과정은 2004년 1월 CTBT(포괄적 핵실험 금지조약)에 가입하는 것을 시작으로 신속하게 진행되었다. 리비아의 대량살상무기 해체과정은 3단계로 진행되었다.[20]

1단계는 2004년 1월 22일에 핵무기에 대한 실제 정보를 미국 측에 전달하면서 시작되었다. 이후 1월 26일에는 약 5만 5천 파운드의 핵무기, 그리고 탄도미사일 관련 서류 및 부품들이 미국으로 보내졌다. 2단계는 2004년 2월에서 9월 사이 화학무기의 폐기 및 장비의 평화적 목적으로 전환을 위해 화학무기금지기구의 사찰도 받았고 미사일 장비, 발사대, 스커드 C형 미사일, 원심분리기 부품 등 대량살상무기 관련 1,000톤 이상의 장비를 미국으로 이송했다. 3단계는 대량살상무기 프로그램

---

18 Nuclear Threat Initiative, "Country Profile Libya Nuclear", https://www.nti.org/countries/ 검색일 2022. 3. 8.

19 발표내용에는 1. 모든 화학 · 핵무기 프로그램 제거, 2. 모든 핵 활동을 IAEA에 신고, 3. 적재량 500kg에 사정거리 300km를 능가하는 탄도미사일의 제거, 4. 모든 화학무기 와 관련된 군수품을 제거하고 화학무기금지조약(CWC) 서명, 5. 이 모든 활동을 검증하기 위해 즉각적인 검사와 함께 모니터링 허용, 6. 미사일기술통제체제(MTCR) 지침 준수와 CTBT 가입을 포함하고 있다. Squassoni A. Sharon · Feickert Andrew, "Disarming Libya Weapons of Mass Destruction", *CBS Reoprt Congress* (2004), pp. 1~2.

20 Squassoni A. Sharon · Feickert Andrew, "Disarming Libya Weapons of Mass Destruction", p. 27.

의 완전 폐기로 그해 11월 리비아 내에 있는 모든 핵무기 개발프로그램과 관련된 원료 및 설비를 제거하고 관련 활동을 중단하였다.

이렇게 3단계 해제 과정을 모두 끝낸 후, 2006년 3월에 리비아는 프랑스와 평화적인 핵에너지 합의에 서명하였고[21] 같은 해 5월 미국 정부는 리비아 주재 연락사무소를 대사관으로 승격시키면서 외교관계 재개를 발표하였다. 6월에는 영국과 평화 및 안보에 관한 각서에 서명을 하였고, 영국은 리비아의 핵무기 프로그램을 평화적 프로그램으로 전환하는데 도움을 주겠다고 약속하였다. 또한 같은 달 미국은 테러지원국 명단에서 삭제하였고, 2007년 4월에 러시아 외무장관은 의료용 사용 등 리비아의 평화적인 핵에너지 사용에 대해 러시아가 협력할 것임을 발표하였다. 그해 12월에도 러시아 외무장관은 민간용 핵에너지 사용에 대해서도 지원할 것임을 표명하였다.[22] 2009년 7월 리비아는 캐나다와 평화적 핵협력에 관한 양해각서를 체결하였고, 프랑스, 아르헨티나, 우크라이나, 러시아와도 이와 비슷한 합의를 하였다.[23]

이처럼 리비아가 핵무기를 포함한 대량살상무기를 포기하게 되는 과정은 2004년 1월부터 2005년 10월까지 비교적 단기간에 이루어졌고, 미국은 이 해체과정을 검증한 후에 비교적 신속한 보상을 실시하였다. 리비아의 핵개발 포기 과정 일지를 표로 정리하면 〈표 5-2〉와 같다.

---

21 Afafel-Geblawi, "Libya signs Nuclear Research deal whith France", Middle East on Line (16 March, 2006).

22 ITAR-TASS, "Russia to Cooperate with Libya in Peaceful Uses of nuke energy (12 April, 2007).

23 Nuclear Threat Initiative, "Libya Nuclear chronology", https://www.nti.org/wp-content/uploads/2021/09/ 검색일 2022. 3. 8.

〈표 5-2〉 리비아의 핵개발 포기 과정 일지

연대	연도	과정
2000년대	2003	미국, 영국과 대량살상무기 프로그램 해체 관련 비밀협상 시작(3월) 팬암기 사건 보상 결정(8월) 모든 대량살상무기 포기 선언(12월)
	2004	CTBT(포괄적 핵실험 금지조약) 가입, 대량살상무기 포기, 1, 2단계 조치(1월) IAEA의 포괄적 핵사찰 허용, CWC(화학무기 금지협약) 가입, OPCW(화학무기금지기구) 사찰 허용, 대량살상무기 관련 장비 해체 및 반출 NPT 추가 의정서 서명(3월) ILSA(이란 · 리비아 제재 법안)에서 리비아 제외(4월) 미국, 경제제재 해제 공식 선언(9월)
	2005	대량살상무기 포기 3단계 조치 미 국무부, 리비아 내 핵무기 개발 프로그램 관련 모든 원료 및 설비 제거, 관련된 활동 중단 발표(11월)
	2006	리비아 연락사무소를 대사관으로 승격, 미국과의 외교적 관계 복원(6월) 미국, 테러지원국 명단에서 리비아 삭제(6월)
	2009	프랑스, 캐나다, 아르헨티나, 러시아, 우크라이나 등과 핵협력 관련 양해각서 체결(7월)

※ 이 표는 NTI, 'Libya Nuclear Chronology"를 참고하여 작성하였음.

제2절 안보환경

1. 국제관계

리비아가 핵과 대량살상무기를 개발하고, 국제적 테러에 지원국으로 지정된 것 때문에 국제관계는 매우 좋지 않았다. 특히, 미국 및 유럽 국가들과의 외교적 관계는 매우 부정적이었다고 할 수 있다.

1979년 트리폴리에서 2천명의 시위대가 반미구호를 외치며 미국 대사관을 방화하자 미국은 바로 리비아와 단교했고, 1981년에는 리비아 인근 해역에서 미국과 리비아간의 공중전으로 리비아 공군기 2대가 격추됐다. 카다피 정권은 미국에 복수를 선언하였고, 1986년 독일 주둔 미군을 공격한 폭탄테러와 1988년 미국의 팬암 민간항공기 폭파사건과 1989년 UTA 772기 폭파사건의 배후로 밝혀지기도 하였다.[24]

---

24 UTA 772 폭파사건은 1989년 9월 19일 발생한 폭탄테러 사건으로 은자메나 국제공항에서 이륙한 항공기가 프랑스 드골공항으로 이동하던 중 화물칸의 폭탄가방으로 인해 폭발한 테러사건이다. 탑승자 170명 전원이 사망하였으며 리비아의 소행으로 밝혀졌다. WIKIPEDIA, "UTA Flight 772", https://www.en.wikipedia.org/wiki 검색일 2022. 3. 8.

이처럼 리비아가 핵개발과 대량살상무기, 화학무기 개발을 추진하고 국제적 테러지원국으로 밝혀지면서, 국제사회는 리비아를 불량국가로 규정하고 소외시키고 있었다. 특히, 1980년에는 리비아와 수교를 맺은 국가가 총 83개국이었고 비수교국이 149개국(65%)이었지만 1985년에는 수교를 맺은 국가는 총 68개국으로 줄어들었고 비수교국은 160개국(70%)으로 11개국이 증가하였다. 유엔안전보장이사회의 결의를 통해 외교적 압박이 심해지던 1995년에는 수교국이 86개국으로 늘었지만 비수교국은 186개국(68%)이었다. 2000년에도 리비아의 고립은 계속 이어졌다.[25] 즉, 핵포기 당시의 국제관계는 비우호적인 상태로 외교적 관계가 악화되고 있는 상태였다고 할 수 있다. 다만 카다피가 핵개발을 포기하는 배후에는 영국과 미국의 정보기관에 의한 비밀접촉은 유지되고 있었다.[26] 이는 리비아가 테러지원국이었기 때문에 공식적인 협상의 형식은 부담이 되었기 때문이다.

2. 군사적 위협

초기에 카다피는 이스라엘과 미국의 공격 위협 속에서 자국의 안보를 유지하고 중동과 아프리카에서 패권을 장악하기 위해 핵무기를 개발하려고 하였다. 특히, 미국과 군사적 적대관계는 지속 유지돼왔다.

---

25 조동준, "리비아의 비핵화 선택 연구", p. 47.

26 이석수, "핵폐기 정보의 역할: 리비아 사례", 『국방연구』 제62권 2호(2019), pp. 11~12.

1981년 지중해 연안에서 리비아가 일방적으로 지정한 영해선을 미군기가 진입하면서 공중전이 발생하였고 이를 계기로 리비아와 미국은 각각 상대방에 대한 보복을 선언하였다. 미국은 리비아와 국경을 인접한 이집트 지역에 조기경보통제기 배치, 지중해에 항공모함 배치 등의 군사적 압박을 강화했다.[27] 이후 각종 테러사건에서 리비아가 배후로 지목되었다. 1986년 4월 베를린에서 미군 전용 디스코텍 폭발사건이 발생하면서 다수의 미군이 사망했고 1988년 다수의 미국인이 사망한 팬암 103편 폭발사건도 있었다. 미국은 베를린 디스코텍 폭발사건의 보복조치로 리비아 군사기지에 광범위한 기습공격을 감행하여 큰 피해를 입혔고 1989년 지중해 공해상에서 자위권을 발동해 미국 공군기가 2대의 리비아 전투기를 격추시키기도 하였다.[28]

결정적으로 미국의 군사적 위협을 강하게 인식하게 된 계기는 9.11 테러가 발생한 이후 미국이 테러와의 전쟁을 선포하였고, 이라크와 아프간 등에 대해 대대적인 군사공격을 감행하면서 부터였다. 카다피는 미국의 리비아에 대한 선제공격의 가능성을 자신의 정권안보에 대한 심각한 위협으로 인식한 것으로 평가할 수 있다.[29]

2003년 이라크 전쟁이 발발하면서 '대량살상무기를 포기하지 않는다면 이라크 다음에는 리비아다' 라는 공포감이 팽배해졌고, 같은 해 10월에는 미국이 원심분리기 부품을 싣고 리비아로 향하던 선박(BBC China

---

27 St John, "Libya and the U.S, Two Countries of States", Philadelphia University of Pennsylvania press (2002), pp. 105~106.

28 지식백과, "미국과의 충돌: 북아프리카사", https//www.naver.com 검색일 2022. 8. 6.

29 김진무, "북한 비핵화 추진을 위한 대안적 방안 모색: 비핵화 협상 사례와 기술적 측면 분석", 세종연구소, 『세종정책브리핑』(2018), p. 11.

호)을 적발 및 장비를 압수하는 해상 차단작전을 실시하여 리비아의 핵 무기 개발 의혹을 증명하기도 하였다.[30] 즉, 리비아는 미국에게 군사적 위협을 매우 크게 느꼈다고 할 수 있다.

---

30 Nuclear Threat Initiative, "Libya Nuclear chronology", https://www.nti.org/wp-content/uploads/ 검색일 2022. 3. 8.

제3절 국제규범

1. 비핵화 레짐

국제적 핵비확산을 위한 비핵화 레짐인 핵확산금지조약(NPT)[31]과 리비아의 관계를 살펴보면 다음과 같다.

리비아는 1975년 핵확산금지조약(NPT)에 가입하였지만 비밀리에 핵개발을 추진했다. 그러다가 국제사회에 의한 외교적 고립과 강력한 제재, 그리고 심각한 군사적 위협 등으로 인해 핵포기로 노선을 변경하고 NPT로 복귀하였고 IAEA의 사찰도 받았다. 이는 리비아가 국제사회의 참가 의지가 있었기 때문에 가능한 것이었다. 리비아는 2004년 1월 국제원자력기구(IAEA)의 감시 하에 핵시설을 해체하였고 3월에는 핵확산금지조약(NPT) 추가 의정서에 서명했다.[32] 즉, 리비아가 핵개발을 추

---

31 NPT 조약은 핵무기 및 핵물질 확산을 억제하기 위한 주요 법적 장치로서 1970년 3월 핵비확산 조약이 공식 발효됐다. 오혜진, "핵비확산 NPT 발효 50주년을 돌아본다", 포커스, 핵비확산 뉴스레터 Vol. 70(2020), p. 1.

32 Nuclear Threat Initiative, "Libya Nuclear Overview" (29 Jan, 2015), https://www.nti.org/analysis/article/ 검색일 2022. 3. 8.

진하는 과정에서는 비핵화 레짐에 반하는 행위를 하였지만, 핵포기의 전략적 선택을 하는 모든 과정에서는 국제사회 참가 의지를 가지고 비핵화 레짐에 적극적으로 참여함으로써, 정상국가로 가겠다는 의지가 확고하였다.

2. 제재와 보상

국제사회는 유엔안전보장이사회 결의안 제731호에서 경제적 제재를 시작으로 리비아가 이를 거부하자 유엔안전보장이사회 결의 제748호, 제883호를 통해 무기 금수와 공중 금수 등 압박을 강화하기 시작했다.[33]

미국 또한 1996년 리비아 제재법을 시행하여 독자적인 압박을 강화하였다. 특히 리비아의 경제가 1990년대에 들어서서 급속히 둔화된 이유가 국제사회의 경제제재 때문이었다고 관리들은 증언하고 있다.[34]

미국과 유엔안전보장이사회의 제재는 특히, 아프리카에서 최대 원유 매장국이자 산출국이며 세계 9대 석유 매장국인 리비아의 기간산업인 석유산업에 커다란 영향을 끼쳤다. 즉, 석유산업의 현대화만이 경제성장을 도모할 수 있었기 때문에 국제사회의 계속된 제재는 리비아 경제를 지속적으로 추락하게 하는 구조적 문제점을 내포하고 있었다.[35]

---

33 황치환, "핵포기 모델의 재검토: 남아공, 우크라이나, 리비아 사례를 통해 본 북핵 포기의 가능성과 한계", 『세계지역연구논총』 30권 3호(2012), p. 236.

34 KBS Special, "한반도 평화로 가는 길 1부: 핵을 넘어서", 방송일 2007. 1. 14일자.

35 Squassoni A. Sharon · Feickert Andrew, "Disarming Libya Weapons of Mass Destruction", p.

리비아의 핵개발 포기로 인한 경제보상으로 미국은 3단계 경제보상을 실시하였다.[36] 1단계는 미국 기업의 리비아 재진출 허용, 주리비아 미국 대표부 개설 등 미국의 독자제재를 해제하였다. 2단계는 이란-리비아 규제법 적용 대상에서 리비아를 삭제하였고 리비아와 상교역, 금융거래를 허용하였으며 항공기 운항 제한도 해제하였다. 3단계는 미국의 경제제재 완전 해제 및 미국 내 리비아 동결자산 해제 등 이었다. 즉, 핵개발 추진으로 인한 제재는 리비아에게 심각한 경제 위협으로 인식되었으며, 포기로 인한 경제적 보상은 핵개발을 포기에 영향을 주었다고 할 수 있다.

26.

36 김진무, "북한 비핵화 추진을 위한 대안적 방안 모색: 비핵화 협상 사례와 기술적 측면 분석", p. 6.

제4절 국내정치

1. 정권유지

카다피는 군사 쿠데타를 일으켜 왕정을 폐지하고 리비아 아랍공화국을 선포하였다. 그는 석유회사들을 국유화시켜 리비아를 아프리카에서 제일 잘사는 나라로 만들었다. 그는 독재자로서 계속 통치할 수 있었으며 이러한 배경에는 외화수입과 경제발전이 있었다.[37]

그런데 1980년대 들어 미국과 관계가 급속히 악화되었고 그로 인해 경제제재와 군사압박을 받게 되었다. 특히, 각종 테러사건에서 배후로 지목되면서, 미국과 유럽은 경제제재와 군사압박을 더욱 강화하기에 이르렀다. 이로 인해 리비아 국민들은 석유수출과 교역을 재개 해야만 엄청난 경제이득이 될 거라고 믿었고, 카다피 정부 때문에 경제발전에 석유수출을 이용하지 못하는데 대한 불만을 나타내기 시작했다.[38]

---

37 Gerzhoy Eugene, "Coercive Nonproliferation: Security, Liverage and Nuclear Reversal", pp. 123~124.

38 St John, "Libya and the U.S, Two Countries of States", pp. 105~106.

또한 부시 행정부가 대테러 전쟁을 수행하는 과정에서 리비아도 파키스탄과 같이 미국의 잠재적인 동맹국가로 부상했기 때문에[39] 카다피 정권은 국내적으로 이슬람 근본주의자들의 도전에 직면하고 있었다. 따라서 대테러 전쟁 와중에 국제사회의 제재를 피하고 자국의 이익을 얻을 수 있다는 기대를 가지게 되었다. 그리고 자신이 노년에 접어들었고, 독재정권 유지를 위해 아들에게로 권력승계를 구상하고 있었다.[40] 즉, 국제사회의 제재 회피와 아들로의 권력승계를 통한 정권안정 추구가 핵포기에 영향을 주었다고 할 수 있다.

2. 체제안정

미국과 국제사회가 주도하는 강력한 경제적 · 외교적 제재는 막대한 경제적 피해를 주게 되었고, 이는 정권의 체제안정을 저해하는 심각한 위협으로 인식하게 되었다. 특히 기간산업이었던 석유산업의 성장 차단으로 서구자본을 이용한 석유산업의 현대화 기회를 가지지 못한 것은 리비아 경제가 지속적으로 추락하게 되는 결정적 요인이 되었다.

리비아 경제는 1980년 기준 일인당 국민소득이 13,000달러였으며 15년 후인 1995년에는 그 절반 수준인 6,800달러로 감소하였다. 따라서

---

39 Schmitt Eric, "U.S. General Envisions Libya as Possible Ally", New York Times (27 Mar, 2004).

40 Gerzhoy Eugene, "Coercive Nonproliferation: Security, Liverage and Nuclear Reversal", pp. 217~219.

지도부와 국민은 제재에서 벗어나 경제수준을 회복하려는 강한 동기를 갖게 되었다.[41]

추가적으로 리비아 정부의 경제문제에 대한 과도한 국가 개입, 부정부패의 만연, 부실 관리, 개혁의지 부족 등의 내부 요인은 심각한 경제난을 불러왔고 정치 · 경제적 상황을 더욱 악화시켰다. 이로 인해 국민들의 불만은 나날이 커져갔으며 문제해결을 위해 극적인 정치적, 경제적 결단을 해야 하는 상황에 직면하게 되었다.

카다피 정권은 경제제재를 해제하고 내부의 불만을 잠재우기 위해 그동안 자신이 추진하였던 극단적인 사회주의식 국정운영 방법을 버렸다. 또한 외국의 자본과 기술을 도입하는 경제발전을 촉진하겠다고 했으며, 제재 해제를 위하여 미국과의 관계개선을 적극적으로 검토하게 되었다.[42] 즉, 미국과 국제사회의 경제제재를 극복하고 극단적 사회주의 정책으로 인한 내부 불만을 잠재우기 위한 정책 전환은 체제안정을 우선시하는 카다피가 핵을 포기하는 데 영향을 주었다고 할 수 있다.

---

41 Dirk Vandewalle, "The Failure of Liberalization in the Jamabuyya in Quaddafi's Libya, 1669-1994, pp. 203~222.

42 Alison Pargeter, "Rise and Fall of Quaddafi", Yale and London: Yale University Press (2012), pp. 156~157.

제5절 정치지도자의 성향

1. 카다피(Muammar Quaddafi)의 성향

카다피는 국가를 운영하는데 필요한 모든 권력을 혼자 행사했다. 1977년 이슬람주의와 범 아랍주의를 주창하면서 동시에 헌법과 의회를 폐지하였고, 전제적 독재 권력을 행사하였다.[43]

카다피의 주요 메시지와 시행한 정책을 살펴보면 다음과 같다.[44]

먼저 카다피는 1969년 쿠데타 이후 연설에서 인민혁명과 선군사상을 강조하였고 1973년 연설에서는 대중혁명의 시작을 선언하였다. 1978년에는 이슬람 사회주의 경제적 접근방식을 강조하였고 1984년에는 모든 여성이 훈련을 받아야 한다고 제기하였으나 부결되었다. 1987년에는 산업과 농업의 개혁과 중소기업 재개를 강조하였고 1989년에는 새로운 범아랍 연합의 시작을 주장하였다. 2001년 9월에는 태세를 전환

43 WIKIPEDIA, "Muammar al Quaddafi", https://www.en.org/wiki/ 검색일 2022. 3. 8.

44 WIKIPEDIA, "Muammar al Quaddafi", https://www.en.org/wiki/ 검색일 2022. 7. 8.

하여 호전적인 이슬람 정부에 대한 미국 주도의 대테러 전쟁 개입을 촉구하였고 아프리카 연합 개막식 연설에서는 아프리가 국가들의 선진국 조건부 원조를 거부해야 한다고 하였다.

카다피가 시행한 주요 정책으로는 아랍사회주의 창설과 석유산업 국유화 및 군대를 강화하였다. 인민혁명을 시작하여 직접 민주주의는 유지하되, 개인 통제력을 강화하였고 대외무역에 대한 국가독립을 선언하였다. 또한 그는 군대를 숙청하여 약 200명의 고위장교를 체포했으며 사회주의 국가체제를 선포하고 독재적 권력을 행사하였다. 그는 이슬람 군단을 창설하였고 외국 무장단체 지원 및 조직적 인권을 유린하였다. 이후 9개의 아프리카 국가와 국교를 단절하였고 5천 명의 반체제 인사를 체포하였으며 아프리카 연합을 창립하였다. 2003년에는 대량살상무기 및 핵무기 프로그램을 포기하였다.

이상에서 살펴본 바와 같이 카다피의 메시지와 시행한 정책을 살펴보면 그는 사회주의, 반미주의, 범아랍주의, 독재주의, 극단주의의 성향을 가지고 있는 것으로 분석할 수 있다. 그의 반미, 사회주의 성향은 이웃나라 독재자인 나세르와 비교했을 때 반미가 강해졌다는 차이가 있겠다.[45] 특히 카다피는 폭력적인 탄압, 투옥, 고문, 자국민에 대한 학살로 특정 지어지는 강성 통치행위를 해왔다고 할 수 있다.[46] 카다피의 주요 메시지와 시행한 정책을 통해 정치지도자의 성향을 분석한 결과는 〈표 5-3〉과 같다.

---

45 Laurea di Tesi, "Libya Before and After Quaddafi: An International Law Analysis", *Corso di Laurea magistrale* (2004), p. 8.

46 Yahaya Jibrin Ubale, "Libyan Politics and the Nature of Quaddafi Leadership style in Promoting Libya as a Nation", *Global Scientific* (April, 2019), p. 594.

〈표 5-3〉 메시지와 정책을 통해 분석한 카다피의 성향

주요 메시지	주요 정책	성향
- 1969년 쿠데타 이후 · 인민혁명을 위해 일어난 군대 치하 및 선군 강조 - 1973년 4.16 연설 · 대중혁명의 시작 선언 ① 혁명적 제정법 대체 ② 혁명의 반대자 제거 ③ 관료제와 모든 부르주아의 흔적 제거 ④ 인민위 구성, 혁명 수호 위해 무장 ⑤ 문화혁명 시작 선언 - 1978년 · 이슬람사회주의 경제적 접근방식 강조 · 사회주의 사회 목적으로 물질적·정신적 자유 강조 - 1984년 · 모든 여성의 훈련 강조 - 1987년 · 산업과 농업의 개혁 시작 및 중소기업 재개 강조 - 1989년 · 새로운 범아랍 연합의 시작 강조 - 2001년 9월 · 9·11테러 희생자에 동정을 표하고 호전적인 이슬람 정부에 대한 미국 주도의 대테러 전쟁에 개입 촉구 - 2002년 7월 아프리카 연합 개막식 연설 · 아프리카 국가들의 선진국 조건부 원조 거부 촉구	- 1971년 아랍사회주의 연합 창설 · 이슬람 사회주의 장려 - 1971년 12월 · 석유산업 국유화 및 군대 강화 - 1973년 인민혁명 시작 · 직접 민주주의는 유지, 개인통제력 유지 - 1975년 · 대외무역에 대한 국가 독립 선언 · 군대 숙청하여 약 200명의 고위장교 체포 - 1977년 자마히리아라는 사회주의 국가체제 선포 · 독재적 권력 행사 - 1979년 이슬람 군단 창설 - 1970~1980년대 · 외국 무장단체 지원과 스코틀랜드 로커비 폭격으로 세계 무대에서 고립 · 권위주의적 행정부에서 조직적 인권 유린 - 1980년 9개의 아프리카 국가와 국교 단절 - 1984년 5월 · 5천 명의 반체제 인사 체포 - 1988년 민병대 창설 발표 - 1999년 · 범아프리카와 서방국가들 간의 화해 장려 - 2002년 7월 아프리카 연합 창립 - 2003년 12월 · 대량 살상무기 및 핵무기 프로그램 포기	사회주의 반미주의 범아랍주의 독재주의 극단주의

※ 이 표는 Alison Pargeter, "Rise and Fall of Quaddafi", WIKIPEDIA, "Muammar al Quaddafi"를 참고하여 작성하였음.

핵포기를 결정한 카다피의 성향인 사회주의, 반미주의, 범아랍주의, 독재주의, 극단주의 성향은 하이만스 교수의 이론 중 대립적 민족주의의 유형으로 강경/비합리적 성향으로 분류할 수 있다. 즉, 카다피의 강경/비합리적 성향이 타의에 의한 압력을 통해 핵포기를 결정하는 데 중요한 영향을 준 것이라고 할 수 있다.

2. 카다피의 핵개발 포기 정책

카다피 정권의 핵개발 포기 정책은 최고 정치지도자의 전략적 결단에 따른 Top-down 방식으로 선 핵개발 포기의 전략적 결단 후 단계적 폐기 및 보상을 하는 것이었다.[47]

2003년 12월 19일 리비아의 최고지도자이자 군사 독재자인 카다피는 모든 대량살상무기를 폐기한다는 성명을 전격적으로 발표했다. 카다피는 핵무기, 화학무기, 생물무기 등 일체의 대량살상무기를 폐기하고, 이를 검증하기 위한 국제 사찰단의 입국 허용과 폐기에 대한 감시를 전면적으로 수용하겠다고 선언했다.[48]

리비아는 대량살상무기 포기 선언을 착착 실행에 옮겼다. 일찍이 NPT 회원국이었던 리비아는 2004년 3월에 강화된 사찰의무를 규정한

---

47 김진무, "북한 비핵화 추진을 위한 대안적 방안 모색: 비핵화 협상 사례와 기술적 측면 분석", p. 12.

48 Anjali Baltacharjee and Sammy Salama, "Libya's statement Announcion Weapons Abandonment Text" (19 Dec, 2003)

'IAEA 추가의정서'에 서명했다. 추가의정서는 1990년대 IAEA의 안전조치가 북한과 이라크의 프로그램 규명에 실패하자 국제사회가 사찰 권한을 대폭 강화시켜 불시 사찰과 강제 사찰이 가능한 새로운 사찰 제도를 담고 있다.[49]

앞에서 제시한 바와 같이 카다피의 핵개발 포기 선언 이후 추진되어온 정책은 2004년 9월 핵폐기 시행 후 10개월 만에 완료를 확인할 정도로 매우 신속하게 추진된 것이 특징이다. 이는 독재국가이며 강경/비합리적 성향을 가지고 있는 정권의 특성상 정책의 전환이 매우 빨리 이루어졌음을 나타내는 것으로 향후 독재 · 사회주의 국가이며 강경/비합리적 성향을 가지고 있는 지도자에게 적용할 수 있는 정책추진 과정이라고 할 수 있다.

---

49 IAEA, "Libya Signs Additional Protocol on Nuclear Safeguard (10 March, 2004), https://www.iaea.org/newscenter/news 검색일 2022. 3. 8.

제6절 평가

이론적 분석틀에서 강제형 비핵화는 국제관계가 비우호적이고 군사적 위협이 매우 커서 전반적인 안보환경이 비우호적으로 변하고, 비핵화 레짐인 NPT 가입 등 국제사회 참가 의지와 국제제재에 대한 탈피와 보상에 대한 기대가 매우 크고, 정권유지와 체제안정이라는 국내정치적 영향이 클 때 강경/비합리적 정치지도자의 성향과 결합되면 강제형 비핵화로 갈 가능성이 높다고 제시하였다.

리비아의 핵포기에 영향을 준 변수들을 정리하면 다음과 같다.

첫 번째 안보환경으로 핵개발 포기 당시 리비아의 국제관계는 대량살상무기 개발과 국제적 테러지원국으로 지정되어 매우 나빴다고 할 수 있다. 군사적 위협도 핵개발을 포기하지 않을 경우 대리비아 선제공격의 가능성을 인식함으로써 정권안보에 대한 군사적 위협을 심각하게 인식하였다. 즉, 안보환경의 변화로 핵포기 당시 국제관계는 비우호적이었고 군사적 위협을 매우 크게 느낀 것이 핵개발을 포기한 동기로 작용하여 강제형 비핵화의 안보환경 조건을 충족하였다.

두 번째 국제규범으로 먼저 비핵화 레짐은 핵포기의 전략적 결정을 하는 모든 과정에서 리비아는 NPT에서 요구하는 모든 조건을 수용함으로써 국제사회의 일원으로서 역할을 수행하고자 하였다. 제재와 보상 측면에서는 핵개발 추진으로 인한 국제제재는 심각한 경제위협으로 인식되었고 경제적 보상은 핵을 포기하게 되는 중요한 동기로 작용하였음을 알 수 있다. 즉, 국제규범의 영향으로, 리비아는 국제사회의 참가의지가 높아 비핵화 레짐의 사찰을 수용하였고, 미국 및 국제사회의 제재와 보상은 리비아가 핵개발 포기를 결정할 수 있는 중요한 동기로 작용하여 강제형 비핵화의 국제규범 조건을 충족하였다.

세 번째 국내정치의 영향으로 먼저 정권유지 면에서 카다피 정권은 정권유지를 위해 국제사회 제재 해소와 국민의 불만을 잠재우고 아들에게 정권 이양을 위해 핵포기를 결정했다고 할 수 있다. 체제안정 측면에서는 심각한 경제난으로 인한 내부 불만을 잠재우기 위해 핵포기를 결정하였다고 할 수 있다. 즉, 국내정치의 영향으로 리비아는 국제제재의 극복과 심각한 경제난으로 인한 국민들의 불만을 해소하기 위해 핵포기 결정을 하였으며, 강제형 비핵화의 국내정치 조건을 충족하였다.

네 번째 정치지도자의 성향으로 주요 메시지와 정책을 통해 카다피의 성향을 분석해보면 그는 사회주의, 반미주의, 범아랍주의, 독재주의, 극단주의 성향으로 본 연구에서 제시한 강경/비합리적인 성향이라고 할 수 있다. 즉, 카다피의 강경/비합리적 정치성향이 핵포기를 결정한 중요한 요인으로 작용하여 강제형 비핵화의 정지지도자 성향 조건을 충족하였다.

리비아의 비핵화 유형을 종합적으로 평가해보면 안보환경이 비우호적이고, 국제규범에 대한 영향이 컸으며 국내정치의 영향도 큰 상태에서 강경/비합리적 성향의 정치지도자와 결합한 강제형 비핵화 유형이다. 변수별 세부내용은 〈표 5-4〉와 같다.

〈표 5-4〉 리비아의 강제형 비핵화를 위한 변수별 세부내용

안보환경의 변화: 비우호적	국제규범의 영향: 크다
- 국제관계: 대량살상무기 개발, 테러지원국 지정으로 국제관계가 매우 나쁨 - 군사적 위협: 미국의 선제공격 가능성으로 군사적 위협 매우 크게 인식	- 비핵화 레짐: 핵포기 결정 모든 과정에서 NPT 요구 수용, 국제사회 역할 희망 - 제재/보상: 미국과 국제사회의 제재를 경제 위협으로 매우 크게 인식
국내정치의 영향: 크다	**정치지도자 성향: 강경/비합리적 성향**
- 정권유지: 정권유지를 위해 국제사회 제재 해소 추진 및 국민불만 종식 - 체제안정: 미국과 국제사회의 경제제재 극복과 극단적 사회주의 정책 전환	- 메시지, 정책 분석결과 카다피 성향은 사회 · 반미 · 범아랍 · 독재주의 · 극단주의임 - 이론적 틀의 성향 중 강경/비합리적 성향에 부합

제6장
북한 비핵화 적용방안

북한의 핵전략은 김정은 집권 초기에는 경제 및 핵 병진노선에서 시작하여 핵전쟁 억제력을 강화하는 데 중점을 두었다. 그러나 최근에는 보다 강한 전략으로 전환하면서 대남, 대미 선제 핵공격 가능성 경고와 전술핵 배치 현실화, 가장 최근에는 핵무기 사용 5대 조건을 핵무력 정책법에 규정하고 있다. 김정은의 주요 연설을 통해 본 핵전략 변화는 다음과 같다.[1]

북한의 김정은은 2013년 3월 31일 노동당중앙위원회에서 새로운 국가노선으로 '경제건설 및 핵무력 건설 병진 노선'을 천명하면서 "핵무력을 중추로 나라의 방위력을 철벽으로 다지면서 경제건설에 더욱 박차를 가하여 번영하는 사회주의 강국을 하루빨리 건설하기 위한 가장 정당하고 혁명적인 노선"이라고 규정하였다. 그리고 김정은은 2021년 1월 12일 노동당 8차 대회 결론에서 "핵전쟁 억제력을 보다 강화하면서 최강의 군사력을 키우는 데 모든 것을 다해야 한다"라고 하였다. 또한 2022년 4월 25일 북한 인민군 창설 90주년 열병식 연설에서 대남, 대미 선제 핵공격 가능성을 시사하며 그 조건을 '어떤 세력이든 우리 국가의 근본 이익을 침탈하려 들 경우'라고 했다. 2022년 6월 21일 당중앙군사위원회 8기 3차 확대회의에서는 "2019년 이래 시험발사한 신형무기 중 일부를 전술핵 형태로 전환시켜 전방 또는 잠수함에 배치"를 언급하면서 강대강의 한반도 군사적 구도를 예고하였다.

가장 최근인 2022년 9월 8일 최고인민회의 제14기 제17차 회의 연설에서 그는 핵 무력 정책 법령을 채택하며 그 안에 5가지 사용조건을 명시

1 북한의 핵전략변화는 『노동신문』(2013. 4. 2일자), 『조선중앙통신』(2021. 1. 13일자), 김보미, "4.25 열병식 이후 북한의 핵 독트린 변화 가능성 진단", 『INSS』 355호(2022. 5. 12), 김보미, "북한 당중앙군사위원회 제8기 3차 확대회의 결과와 의미", 『INSS』 368호(2022. 6. 28), 신진우 등 4명, "김정은 '참수작전 조짐만 보여도 핵공격' 명시… 위험수위 높여", 『동아일보』(2022. 9. 13일자)를 참고하였음.

했다. 그 조건은 '북한에 대한 핵무기 또는 기타 대량살육무기 공격이 감행됐거나 임박했다고 판단되는 경우', '국가지도부와 국가핵무력지휘기구에 대한 적대세력의 핵 및 비핵공격이 감행됐거나 임박했다고 판단되는 경우', '국가의 존립과 인민의 생명 안전에 파국적인 위기를 초래하는 사태가 발생해 핵무기로 대응할 수밖에 없는 불가피한 상황이 조성되는 경우' 등이다.

지난 20여 년 동안 북한의 핵문제는 대한민국과 미국에 대한 군사적 위협으로 성장하였으며[2] 현존하는 가장 실질적인 위협이다.[3] 미국과 국제사회는 북한의 핵개발에 대해 협상과 제재를 반복하면서 비핵화 달성을 위해 노력하였다. 가장 최근의 비핵화 협상은 2018년 6월 12일 미국의 트럼프와 북한 김정은의 싱가포르 정상회담이었다. 이 회담은 기대와는 달리 북한의 비핵화를 위한 구체적인 합의가 나오지 않은 가운데 고착상태에 빠졌다. 향후에는 바이든 행정부가 출범한 가운데 어떤 비핵화 방법을 택할지에 대한 관심이 매우 높은 상태라고 할 수 있다. 가장 최근의 북한의 핵활동은 제프리 루이스 미국 미들베리국제학연구소 동아시아비확산프로그램 소장이 밝힌 것으로 "풍계리 핵실험장 복구 정황과 2022년 연내 핵실험 및 ICBM 발사 가능성"이 높다는 것이다.[4]

본 장에서는 앞에서 제시했던 3가지의 비핵화 유형을 북한에 어떻

---

2 Smith Shane, "North Korea's Evolving Nuclear Strategy", *North Korea's Nuclear Futures Series, US-Korea Institute at SAIS* (Aug, 2015), p. 13.

3 Kort W. Ryan · Bersabe R. Carlos · Clarke H. Dalton · Di Bello J. Derek, "Twenty-First Century Nuclear Deterrence: Operationalizing the 2018 Nuclear Posture Review", *JFQ 94* (3rd Quarter, 2019), p. 77.

4 김성진 · 정영교, "미국 풍계리 핵실험장 복구 정황… 연내 핵실험 · ICBM 발사 가능성", 『중앙일보』(2022. 3. 9일자).

게 적용할 수 있는지를 알아보기 위해 독립변수인 안보환경, 국제규범, 국내정치와 조절변수인 정치지도자의 성향을 살펴본다. 그리고 마지막으로 북한에 적용 가능한 비핵화 유형과 정책적 함의를 제시한다.

본 장의 구성은 먼저 개요 부분에서 북한의 핵개발 동기와 경과, 핵능력과 핵위협을 평가하고 2절에서는 앞에서 제기한 3개 국가와는 다른 북한의 특수환경을 살펴본다. 3절부터 6절까지는 안보환경, 국제규범, 국내정치, 정치지도자의 성향을 차례로 살펴보고, 7절에서는 북한에 적용 가능한 비핵화 유형과 정책적 함의를 제시한다.

제1절 개요

1. 핵무기 개발 동기

북한이 핵무기 개발을 추진한 출발점이 언제인지 정확하게 알려진 것은 없지만, 일반적으로 1986년 구소련이 영변에 5MWe급 원자로를 완공한 시점부터 본격화됐다고 할 수 있다.[5] 핵개발 동기의 출발점은 국내정치와 안보, 경제문제에 있었다고 할 수 있다. 세부적으로 핵무기 개발 동기를 살펴보면 다음과 같다.

첫째, 북한은 안전보장과 체제 유지를 위한 수단의 하나로 핵무기 개발을 추진하였다. 1950년 한국전쟁 중 북한은 미국이 핵무기를 사용할 수도 있다는 위기의식을 경험하게 되었다. 게다가 휴전협정 이후부터 남한에 주둔하고 있는 주한미군은 북한의 안전보장과 체제 유지를 가장 위협하는 존재였다. 즉 열세한 재래식 전력만 보유하고 있던 북한

---

5 Bennett W. Bruce · Kang Choi · Myong Hyun Go · Bechtol E. Bruce, Jr · Jiyoung Park · Klingner Bruce · Duhyeon Cha, "Countering the Risk of North Korean Nuclear Weapon" RAND Corporation, p. 24.

으로서는 핵무기를 보유한 강대국의 위협에서 생존하기 위해 방편이 필요했을 것이다. 1990년대 초에 베를린 장벽이 붕괴되고 동구 공산권이 몰락하면서 소련이 해체되자, 북한은 전통적인 우방국들을 잃어버리게 되었다. 특히 가장 큰 우방국인 소련과 중국이 한국과 수교를 맺자 안보불안감은 더욱더 커졌을 것이다.[6] 이처럼 북한은 미국의 핵무기 위협에서 시작된 안보차원의 불안감에서 출발하여, 이후 주변 정세를 돌아봤을 때 소련이나 중국에만 의존하는 방위전략으로는 충분하지 못하다는 자각을 통해 핵무기 개발의 필요성을 실감한 것으로 보인다.[7]

둘째, 경제위기의 해결을 위해 찾은 탈출구가 핵무기 개발이었다. 특히 중국과의 관계에 의존하는 경제로 인해 핵무기 보유를 추구하였을 것이다.[8] 북한은 핵카드를 가지고 국제사회의 지원을 끌어낼 수 있고, 국제적인 고립에서 벗어나 정상국가로서 경제적 자생력을 갖출 수 있다고 판단하였을 것이다.[9] 구체적으로는 2.13 합의에 따라 비핵화 1단계에 포함된 폐쇄를 통해 남한으로부터 중유 5만 톤을 지원받았으며, 비핵화 2단계에서는 중유 9만 톤에 해당하는 경제적 지원, 에너지 지원, 그리고 인도적 지원을 제공받았다. 그중 45만 5천 톤을 미국, 한국, 러시아, 중국으로부터 제공받았다. 미국은 중유 제공과 별도로 50만 톤의 곡물을 지원하기도 하였다. 이처럼 북한은 핵무기를 가지고 주변 국가들과의 협상을 유도하고, 경제적 지원을 받는 수단으로 활용하였다.

---

6 홍성후, "북한의 2차 핵실험과 핵개발 의도", 『한국 동북아논총』 제55집(2010), p. 156.

7 김강녕, "북한의 핵개발 전력과 우리의 대응", 한국 통일전략학회, 『통일전략』 제10권 3호(2010), p. 60.

8 Kort W. Ryan · Bersabe R. Carlos · Clarke H. Dalton · Di Bello J. Derek, "Twenty-First Century Nuclear Deterrence: Operationalizing the 2018 Nuclear Posture Review", p. 77.

9 홍성후, "북한의 2차 핵실험과 핵개발 의도", p. 156.

셋째, 내부 결속 및 군사강국으로의 과시를 위해 핵무기 개발을 추진하였다. 북한은 지속된 식량난과 연속된 자연재해로 심각한 경제난을 안고 있었다. 이런 연유로 북한 사회는 혼란 발생 가능성이 점점 더 높아지고 있으며, 핵무기 개발을 대대적으로 선전 및 강조함으로써 내부 결속을 강화하기 위한 수단으로 활용하였다. 또한 1990년대 말부터 핵심적인 통치 가치인 선군정치를 기반으로 권력의 근간을 군에 의존하고 있었다. 이러한 통치 이념과 강성대국 표방의 기풍 하에서 핵무기 개발을 과시하여 과학 및 군사 강대국으로서의 면모를 보여주고자 한 것이었다.

북한은 군에 의존하는 국가형성 과정을 거쳤고, 김일성부터 김정일, 김정은 정권 모두가 군에 의존하는 체제였다. 이것은 경제침체와 결합되면 대내적으로는 체제의 위협으로 작용할 가능성을 가지고 있었다. 1990년대 들어 위협인식은 더욱 높아졌다. 그 이유는 북한의 국가능력이 약화되고 있는 객관적인 요인과 함께 외부세계와의 접촉을 두려워하는 심리적인 요인과 주변의 안보환경이 열악해지고 있는 국제적 요인 등이 동시에 작용했기 때문이다.[10] 즉 외부적인 위협에 더하여 대내적인 위협으로부터도 체제를 유지하고 안전을 보장받기 위해 핵무기를 개발하고자 하였다.

---

10 김근식 · 서보혁, "대북 포용정책과 강경정책의 효과에 관한 비교연구: 1, 2차 북핵 위기를 사례로", 통일연구원, 『통일정책연구』 16권 1호(2007), p. 109.

2. 핵무기 개발 및 제재와 협상 경과

핵무기 개발 및 제재와 협상 경과는 2가지로 구분하여 제시한다. 첫째는 핵무기를 개발하고 있는 전반적인 경과이다. 그리고 두 번째는 국제사회의 제재와 협상 경과이다.

1) 핵무기 개발 경과

북한은 한국전쟁 당시 미국의 핵무기 사용을 두려워하였고, 이에 대응하기 위해 1950년대 이후부터 핵무기 개발을 시도하였다. 1956년 2월 소련과 '연합 핵 연구소 조직에 관한 협정' 을 체결하였고, 소련 최대 핵 연구소인 Dubna 연구소에 과학자들을 파견해 연구하게 하였다. 1956년 3월에는 소련과 조 · 소간 원자력의 평화적 이용 관련 협정을 체결하였다. 1962년 영변에 원자력연구소를 설립하였고, 1963년 소련으로부터 IRT-2000 연구용 원자로를 도입하였다. 1974년 9월 IAEA에 가입하였고 1977년 연구용 원자로에 대한 '부분 안전조치 협정'을 체결하였으며, 최초의 핵사찰도 수용하였다. 1980년 영변 5Mw 실험용 원자로를 착공하였고, 1985년 12월 소련과 '조소 원자력발전소 건설을 위한 경제기술협정'을 체결하였다. 그리고 440MWe급 소련용 VVER 경수로 원전 4기의 도입을 추진하였다. 당시 핵비확산 국제규범에 따라 소련은 경수로 공급조건으로 NPT 가입을 요구하였고 북한은 마지못해 1985년 12월 12일 NPT에 가입했다. 1986년 1월, 1년에 플루토늄 6kg의 생산이 가능한 영변 5Mw 원자로를 가동하였다. 그런데 북한은 NPT 가입 후 18개월 내 IAEA와 안전조치협정을 체결해야 하는 의무를 온갖 이유로 지연시켰다. 1987년부터 흑연감속로가 가동하기 시작한 것과 더불어 이러한 사찰방해 행동은 핵개발 의혹을 사기에 충분했다. 1989년 프랑스의 스팟 2호 위성이 영변의 핵시설을 공개하게 되면서 북핵문제가 시작되었다.

당시 북한은 소련제 경수로 건설을 추진했으나 소련의 붕괴로 중단되었고 후일 러시아와 다시 경수로 도입을 재개하였다. 이후 1993년 NPT 탈퇴를 선언하면서 경수로 도입사업이 중단되었다.[11] 북한은 경수로 사업 추진과 동시에 독자적인 기술과 국내 부존자원을 이용한 원자로 개발도 적극 추진하였다. 특히 경수로, 중수로, 흑연감속로 등 이미 상용화된 3개 노형 중에서 흑연감속로 노형을 선택하였다. 이는 낮은 기술 수준으로도 설계와 제작이 용이하며 풍부한 부존자원인 천연 우라늄과 흑연을 이용할 수 있었기 때문이었다. 흑연감속로는 초기 원자로 노형으로서 열효율은 낮으나 무기급 플루토늄을 생산하기에는 가장 효율적이다. 흑연감속로는 일명 '플루토늄 생산기'로 불리기도 한다.

북한이 1993년 3월 NPT를 탈퇴하면서 소위 1차 북핵 위기가 발생하였고 핵활동은 2003년 2차 북핵 위기가 발생할 때까지 동결되었다. 본격적으로 핵개발 프로그램을 가동한 것은 김정일 시기로 추정된다. 2002년 10월 비밀 우라늄 농축 의혹이 제기되자 미국 부시 행정부는 이에 대한 보복으로 제네바 북 · 미 기본합의를 파기했고[12] 이에 반발하여

---

11 IAEA, "The DPRK's Violation of it's NPT Safeguard agreement with the IAEA, (1993), https://www.iaea.org/newscenter/statement 검색일 2022. 3. 8.

12 Federation of American Scientist, "CIA Estimation on North Korea's Nuclear Program Provide to congress on" (19 November, 2002).

김정일은 2003년 1월 재차 NPT 탈퇴를 선언했다.[13] 이때부터 핵무기 개발이 본격화되었다고 할 수 있다. 즉 핵개발 프로그램이 핵무장 전용으로 전환되었다.

북한은 2003년 8월부터 6자회담에 참여하고 각종 핵합의를 체결했지만, 핵개발을 멈추지는 않았다. 2005년 2월 10일 6자회담 참가 중단과 함께 처음으로 핵무기 보유를 선언했다.[14] 같은 해 9.19 공동성명이 채택되었지만 6자 합의에도 불구하고 2006년 10월 9일 풍계리 핵실험장에서 1차 핵실험을 실시했다. 이어서 2009년 5월 2차 핵실험은 실제 핵무장을 할 것인지의 여부를 판단하는 주요 이정표가 되었다. 특히, 오바마 행정부의 강한 만류와 압박에도 불구하고 2차 핵실험을 감행했다. 2차 핵실험을 통해 플루토늄 기반의 핵무기 능력을 확보하고 고농축 우라늄 기반의 핵능력을 갖추는데 집중했다.[15]

2012년에 김정은이 집권한 이후 핵무기 개발은 더욱 가속화되었다. 그는 3차(2013. 2), 4차(2016. 1), 5차(2016. 9), 6차(2017. 9) 핵실험을 연달아 실시했다. 2017년 들어 대륙간 탄도미사일(ICBM) 및 중거리 미사일, 잠수함용 미사일 발사 실험 등을 통해 미사일 능력을 획기적으로 증강시켰다. 특히 대륙간 탄도미사일의 시험발사는 미 본토까지 도달 가능한 것으로 미국에서도 심각한 위협으로 인식하게 되었다.[16] 2017년 6

---

13 Nuclear Threat Initiative, "North Korea Overview" (19 Oct, 2021), https://www.nti.org/analysis/article/ 검색일 2022. 3. 10.

14 Nuclear Threat Initiative, "North Korea Nuclear Chronology" (Mar, 2013), https://www.media.nti.org/pdfs/ 검색일 2022. 3. 10.

15 Allison Graham, "Nuclear Terrorism: Did We Beat the Odds or Change Them?", *PRISM* 7, No 3, National Defense University Press (18 May, 2018), pp. 11~16.

16 National Defense University, "Institute for National Strategic Studies: Interim Research

차 핵실험에서 소위 '수소폭탄' 을 실험하고 또한 ICBM급 미사일 화성 14호와 15호 시험발사에 성공하였으며[17] 2021년과 2022년에는 극초음속미사일 시험발사에 성공하여 핵무장 활동과 대외 도발은 최고조에 달했다. 특히 6차 핵실험에서 보여준 핵폭발 위력은 50kt 이상으로 평가되며, 북한이 주장하듯이 수소폭탄 또는 증폭핵분열탄으로 평가되었다.[18] 김정은은 2018년 신년사를 통해 "국가 핵무력 완성의 역사적인 대업"을 이미 이루었으며 그 결과 "강력하고 믿음직한 전쟁 억제력"을 보유하게 되었다고 선언했다.[19] 또한 미국 정보기관의 연례 위협평가에 따르면 2021년 노동당 대회에서는 "우리 국가가 핵보유중인 상태라며 강력하고 믿을 수 있는 전략적 억제력을 높이 평가한다"라고 하였다.[20] 북한의 핵무기 개발 경과를 요약하면 〈표 6-1〉과 같다.

〈표 6-1〉 북한의 핵무기 개발 경과 일지

연대	연도	과정
1950년대	1956	소련과 '연합 핵 연구소 조직에 관한 협정' 체결(2월) 소련과 '조 · 소간 원자력의 평화적 이용에 관한 협정' 체결(3월)

Work Plan Fiscal Year 2018", p. 4.

17 Krisknsen M. Hans, "North Korean Nuclear Weapons, 2021", *Bulletin of the Atomic Scientists* Vol. 77 (21 Jul, 2021), pp. 222~236.

18 WIKIPEDIA, "2017 North Korea Nuclear Test", https://www.en.wikipedia.org/wiki/ 검색일 2022. 3. 10.

19 국가 핵무력 완성을 명분삼아 남북관계에 많은 비중을 할애하며 평화를 사랑하는 책임 있는 핵강국의 이미지를 전달하는데 주력했다고 평가된다. 홍민 · 방영자 · 오경섭 · 홍제환, "2018년 김정은 신년사 분석과 정세전망", 『KINU Insight』 No. 1 (2018), p. 4.

20 Nikitin D. Mary Beth, "North Korea's Nuclear Weapons and Missile Programs", *IN FOCUS* (13 Dec, 2021), p. 1.

연 대	연 도	과 정
1960년대	1962	영변 원자력 연구소 설립
	1963	구소련으로부터 연구용 원자로 IRT-2000 도입
1970년대	1974	IAEA 가입(9월)
	1977	최초의 핵사찰 수용
1980년대	1980	영변 5Mw 실험용 원자로 착공
	1985	소련과 '조 · 소 원자력 기술협정' 체결 NPT에 가입(12. 12)
	1986	1년에 플루토늄 6kg 생산이 가능한 영변 5Mw 원자로 가동
	1987	흑연감속로 가동 시작
	1989	프랑스 위성이 영변 핵시설 공개, 북핵문제 시작
1990년대	1993	NPT 탈퇴(3월), 2차 북핵 위기(2003) 시까지 핵 활동 동결
2000년대	2002	비밀 우라늄 농축 의혹 제기(9월)
	2003	재차 NPT 탈퇴 선언(1월)
	2005	핵무기 보유국 선언(2월)
	2006	풍계리 핵실험장에서 1차 핵실험 실시(10. 9)
	2009	2차 핵실험 실시(5월), 플루토늄 기반의 핵무기 능력 확보
2010년대 이후	2013	3차 핵실험 실시(2월)
	2016	4차 핵실험 실시(1월), 5차 핵실험 실시(9월)
	2017	6차 핵실험 실시(9월), 수소폭탄 실험 대륙간 탄도미사일, 잠수함용 미사일 수중발사 실험
	2018	신년사에서 국가 핵무력 완성 선언(1월)
	2021~2022	노동당 대회에서 핵보유중인 상태라고 천명 극초음속미사일 시험발사, 탄도미사일 시험발사(지속) 인민군 창설 90주년 열병식 연설에서 대남, 대미 선제 핵공격 가능성을 시사(4월) 미니 SLBM 발사(5월) 핵무력 법제화, 핵무력 사용 5대조건 법에 명시(9월)

※ 이 표는 NTI, "North Korea Nuclear Chronology"와 Hans M. Krisknsen, "North Korea Nuclear Weapons 2021"을 참고하여 작성하였음.

2) 제재와 협상 경과

미국은 핵무기 개발의혹 시점부터 비교적 일관성 있게 북한의 핵 확산에 대해 강경한 입장을 보여 왔다. 그 이유는 미국이 북한과 단 한 순간도 우호적인 관계를 유지했던 적이 없었기 때문이었다. 북한이 핵무기 개발을 추진해온 시기부터 제재와 협상이 어떻게 이루어졌는지를 살펴보면 다음과 같다.[21]

1993년 3월 IAEA의 특별사찰을 거부하면서 발생한 1차 북핵 위기 시 미국의 빌 클린턴 정부는 1년 반에 걸친 논의를 통해 북미 양측이 1994년 10월 제네바에서 만나 기본합의문에 조인하면서 위기를 봉합할 수 있었다.[22] 합의문의 핵심내용은 미국이 경수로를 지어주는 대가로 영변 핵시설을 동결하는 것이었다. 이에 따라 지원하는 경수로 건설을 위해 한반도에너지개발기구(KEDO)가 창설되었으며 한국도 공사비의 70%를 분담하였다.

2002년 10월 고농축 우라늄 개발 의혹을 시인하면서 발발한 2차 북핵 위기 시에는 6개국이 참여하는 6자회담을 통해 협상을 전개하였다. 2003년 8월 27일 첫 6자회담과 2004년 2월 25일 2차 6자회담은 실질적인 성과를 내지 못하였고 2003년 6월 23일 제3차 6자회담에서 미국은 포괄적 비핵화 안을 제시하였다. 이후 2005년 7월 27일 4차 6자회담에서는 NPT 체제하에서 핵이용 권리와 의무를 갖는다는 내용이 논

---

21 송대성 · 엄상윤 · 문순보, "북핵문제: 국제관계와 비핵화 방안", 세종연구소, 『세종연구총서』(2014), pp. 110~124.

22 Smith Shane, "North Korea's Evolving Nuclear Strategy", p. 15.

의되었고 같은 해 9. 19일 합의문으로 발표하게 되었다.[23] 그러나 이와 병행하여 미국의 단독제재법인 페트리어트법 301조에 근거한 금융제재가 시행되면서 마카오에 본사를 둔 방코델타아시아의 북한과 관련된 계좌 50개에서 2,400만 달러가 동결되었고, 이로 인해 6자회담은 장기적인 교착상태에 빠졌다.[24]

미국의 경제적 압박에도 불구하고 2006년 10월 9일 풍계리에서 1차 핵실험을 감행하였다. 북핵 합의가 진전되지 못하고 있는 상황에서도 북한은 지속적으로 핵능력을 증강해왔다. 1차 핵실험 후 유엔안전보장이사회는 결의안 제1695호와 제1718호를 채택하였으며 2006년 12월 18일부터 5차 회담 제2단계 회의가 개최되었다. 이후 3단계 회의(2007. 2. 8~13), 6차 회담 1단계 회의(2007. 3. 19~22) 및 2단계 회의(2007. 9. 29~30)가 개최되었으며 9.19 공동성명 이행을 위한 2단계 조치인 '10. 3 합의'를 도출하였다.[25] 10. 3 합의에 의해 핵 관련 시설의 불능화가 진행되었고 대북 경제 지원과 에너지 지원이 실행되었다. 2008년 6월 26일에 신고서를 제출하였고, 미국의 부시 행정부는 북한을 테러지원국에서 해제하였으며 적성국 교역법의 적용을 종료하였다. 그러나 검증에 대한 문제가 합의되지 않음으로써 6자회담은 더 이상 진행되지 못하였다.

이후 북한은 2009년 장거리 미사일을 발사하여 또다시 국제사회를 놀라게 하였다. 안전보장이사회는 장거리 미사일 발사가 유엔안전보장

---

23 Nuclear Threat Initiative, "North Korea Nuclear Chronology" (Mar, 2013) https://www.media.nti.org/pdfs/ 검색일 2022. 3. 10.

24 Ramzy Austin · Cochrane Emily, "Road to Talks Between U.S and North Korea Has Been Bumpy", *The New York Times* (9 Mar, 2018).

25 Sang-Hun Cho, "2 Korea Reach Accord But Skirt Nuclear Program: Summit Ends with Call for Peace Treaty", *International Herald Tribune* (5 Oct, 2007).

이사회 결의안 제1718호를 위반하였다고 보고 대북제재 대상 리스트에 포함하였다. 안전보장이사회 결정에 반발한 북한은 6자회담을 거부하면서 합의 파기를 선언하였고, 핵 관련 시설 원상복구와 재처리 실시를 발표하였으며 5월 25일에 제2차 핵실험을 감행하였다.[26]

2011년 12월에 김정일 사망 후 집권하게 된 김정은은 2012년 사회주의 헌법 서문에 북한은 핵보유국이라고 표현하였고, 2013년 2월 12일에 제3차 핵실험을 실시하면서 북핵문제는 더욱더 어려운 단계로 접어들게 되었다. 유엔안전보장이사회는 2013년 3월에는 이전보다 한층 더 강화된 결의안 제2094호를 만장일치로 통과시켰다.[27] 핵실험 횟수가 증가할수록 국제사회의 대북제재도 점점 강도를 높였으며, 미국은 다자제재가 더 효과적이라는 판단하에 이를 주도하였다. 2016년 3월에 수소폭탄 실험인 제4차 핵실험을 감행하자, 유엔안전보장이사회는 결의안 제2270호를 채택하였으며, 제5차 핵실험을 2016년 9월 9일에 실시하자, 2016년 12월에 안전보장이사회 결의안 제2321호를 채택하였다. 이후 제6차 핵실험을 2017년 9월 3일에 실시하자 2017년 9월에 안전보장이사회 결의안 제2375호를 통과시켰다. 이와 함께 안전보장이사회는 미사일 발사에 대한 제재 수위를 점점 더 높여갔다. 장거리 미사일 발사 후 안전보장이사회 제재 결의안 제2356호(2017. 6), 제2371호(2017. 8), 제2397호(2017. 12)가 통과되었다.

---

26 Dr. Lewis Patricia, "North Korea Conducts Nuclear Test", *James Martin Center for Nonproliferation Studies* (25 May, 2009).

27 Department of Public Information, "Security Council Strengthens Sanctions on Democratic People's Republic of Korea, In Response to February Nuclear Test", United Nation (7 Mar, 2013).

미국은 유엔 제재와는 별도로 국가 단위로 가하는 제재 역시 강화하였다. 미국은 2013년 3월 대통령령 행정명령 제13382호에 의거하여 개인을 상대로 한 제재 대상을 발표하였고, 2016년 2월 19일에는 오바마가 북한과 거래하는 제3국의 개인과 단체까지 제재 대상에 포함시키는 세컨더리 보이콧을 발표하였다. 이후 2017년 5월에는 미국 하원에서 '대북차단 및 제재 현대화법'을 통과시켰고, 2018년에는 해상봉쇄를 적극적으로 검토하기 시작하면서 같은 해 2월 미국의 재무장관은 추가 제재를 단행하였다. 또한 2021년 9월부터 2022년 1월까지 극초음속미사일 도발을 감행하자 바이든 정부 출범 이후 처음으로 대북제재에 돌입했다.[28]

2018년 북한이 비핵화를 위한 대화에 나서게 되면서 최초로 2018년 6월 12일 싱가포르에서 북미정상회담이 개최되었고 공동성명이 발표되었다.[29] 그 내용은 북미관계를 개선하고 한반도의 완전한 비핵화를 달성한다는 것이었다. 이어서 북미 정상은 2019년 2월 27일과 28일 양일간 베트남 하노이에서 2차 북미정상회담을 하였으나 합의 채택에는 실패했다. 하노이 정상회담에서 최대의 쟁점은 초기 핵폐기의 범위였다. 미국은 영변 핵단지를 넘어서는 곳까지의 비핵화를 요구했다. 반면에 북한은 핵폐기의 범위를 영변 핵시설 폐기로 한정하는 한편 그 대가로 민생 관련 유엔안보리 제재결의 5개 안 철회를 요구했다.[30] 이후 3차

---

28 북한의 미사일 도발과 관련하여 미국은 2022. 1. 12일 북한 국적자 6명을 포함한 7명의 개인과 러시아 기관 한 곳에 대해 제재를 발표했다. 양승진, "미, '북 탄도미사일 도발 대응' 올해 첫 대북제재", 『시사주간』(2022. 1. 13일자).

29 Laura Bicker, "Trump and North Korea Talk: South Korean Statement in Full", BBC News (9 March, 2018).

30 Manyin E. Mark, Nikitin D. Mary Beth, Chanlett-Avery Emma, "Nuclear Negotiations

북미정상회담은 바이든 행정부가 들어서면서 바이든 행정부의 몫이 되고 있다.[31] 북한에 대한 제재와 협상 경과를 요약하면 〈표 6-2〉와 같다.

〈표 6-2〉 북한에 대한 제재와 협상 경과 일지

연대	연도	과정
1990년대	1994	제네바에서 기본합의문에 조인 * 합의문 내용은 영변 핵시설 동결, 경수로 지원 한반도에너지개발기구(KEDO) 창설
2000년대	2002	2차 핵 위기에 대응하여 6자회담을 통해 협상 전개
	2003	1차 6자회담 실시(8.27), 실질적인 성과 없음
	2004	2차 6자회담 실시(2.25), 실질적인 성과 없음 3차 6자회담 실시(6.23), 미국은 포괄적 비핵화안 제시
	2005	4차 6자회담 실시(7.27), NPT 체제하 핵 이용 권리와 의무를 갖는다는 합의문 발표(9.19)
		미국의 단독제재법 페트리어트법 301조 발표, 북한의 금융제재로 북한계좌 50여 개 2,400만 달러가 동결
	2006	1차 핵실험 후 UN 안보리 결의안 1695호, 1718호 채택 5차 6자회담 제2단계 회의(12.18)
	2007	3단계 회의(2.8~13) 6차 6자회담 제1단계 회의(3.19~22) 6차 6자회담 제2단계 회의(9.29~30) 9.19 공동성명을 위한 10.3 합의(2단계 조치) 도출
	2008	미 부시 정부, 북한을 테러지원국에서 해제
	2009	북한의 장거리 미사일 발사로 UN 안보리 결의안 1718호를 위반, 대북제재 대상 리스트에 합의 북한 반발로 6자회담 거부 및 합의 파기 선언 2차 핵실험 감행(5.25)

---

with North Korea" *CBS REPORT* (4 May, 2021), p. 15.

31 임수호, "하노이 북미정상회담 결렬과 향후 전망", 한국개발연구원, 『나라경제』 21권 3호 (2019), pp. 72~75.

연대	연도	과정
2010년대 이후	2013	3차 핵실험 실시(2.12) UN 안보리 대북제재 결의안 2094호 만장일치로 통과 대통령령 행정명령 13382호 채택
	2016	4차 핵실험 실시, UN 안보리 결의안 2270호 채택(3월) 오바마 대통령 세컨더리 보이콧 발표(2.19) 5차 핵실험 실시(9.9), UN 안보리 결의안 2321호 채택(12월)
2010년대 이후	2017	북한의 미사일 시험 발사 후 UN 안보리 결의안 2356호, 2371호, 2397호 채택(6월, 8월, 12월) 미 하원에서 '대북차단 및 제재 현대화법' 통과 6차 핵실험 실시(9.3) UN 안보리 결의안 2375호 채택(9월)
	2018	대북 해상봉쇄 검토 및 미 재무장관 추가제재 단행 북미 싱가포르 1차 정상회담(6.12), 공동성명 발표
	2019	북미 하노이 2차 정상회담(2.27~28), 합의 채택 실패
	2022	북한의 극초음속미사일 도발 관련 미국, 북한 국적 6명과 러시아 국적 1명, 러시아 기업 1곳 특별대상지정

※ 이 표는 NTI, "North Korea Overview"와 Mark E. Manyin 등 "Nuclear Negotiations with North Korea"를 참고하여 작성하였음.

3. 핵능력 및 위협평가

핵능력 및 위협평가는 2가지로 구분하여 제시한다. 첫째는 핵능력을 핵무기, 운반체계, 지휘통제체계로 제시하고 두 번째는 핵에 대한 위협평가를 핵무기 수량 및 위력, 미사일의 위협, 전략군 설치 등으로 분류하여 제시함으로써 비핵화가 왜 반드시 필요한지를 살펴본다.

1) 핵능력 평가

핵능력 중 먼저 핵무기에 대해 살펴보면 다음과 같다. 핵무기는 핵물질과 기폭장치로 결합되어 있는데 핵탄두는 핵반응의 종류를 고려하여 분열 핵폭탄을 먼저 개발하고 이후에 중간 단계인 증폭 핵폭탄을 개발한다. 그리고 마지막으로 수소폭탄 순으로 발전시킨다. 한편 증폭기술은 핵폭탄 소형화에 필수적인 기술이기 때문에 핵탄도미사일 개발에 매우 중요한 의미를 갖는다.

북한은 1990년대부터 핵폭탄 폭발장치를 개발하여 왔으며 2000년대 초반까지 140여 회의 고폭실험을 통해 폭발장치를 완성하였다. 이후 10여 년 동안 핵실험을 통해 단순분열 핵폭탄(원자폭탄)에서 시작하여 증폭 핵폭탄(4차 핵실험), 수소폭탄(6차 핵실험)까지 시험을 실시하였다. 그 결과 핵폭탄을 완성하였다고 평가할 수 있다.

2012년 김정은이 집권한 이후 공개된 대략적인 핵무기 수준으로는 먼저 플루토늄과 우라늄 보유량은 2002년 기준 30~40kg 이상인 것으로 파악된다. 한국 국방부는 2020년 국방백서에서 북한이 50kg 이상의 플루토늄을 보유하고 있는 것으로 예측하였다.[32] 또한 3곳 이상의 우라늄 농축공장을 운영하고 있어서 1년에 적어도 80kg 이상의 고농축 우라늄을 생산하고 있는 것으로 판단된다. 10년 이상 가동된 것을 고려 시 약 800kg 이상의 무기급 우라늄을 추출했을 것이라는 것이 전문가들의 평가이다.[33]

---

32 국방부, 『2020년 국방백서』(서울: 국방부, 2021), p. 28.

33 정성윤, “북한 핵개발 고도화의 파급영향과 대응방향”, 『통일연구원 연구총서』(2016), p. 19.

이와 같이 북한은 핵폭탄 제조를 위한 핵물질로서 플루토늄 50kg 이상과 농축 우라늄 800kg 이상을 보유하고 있는 것으로 평가되며, 이것은 적어도 수십 개 이상의 핵폭탄 제조 능력을 보유하고 있다는 것을 의미한다. 농축 우라늄 양으로 최소한 40~50개의 핵폭탄 제조가 가능하며, 플루토늄으로는 최대 20개의 핵폭탄 제조 능력을 보유하고 있는 것으로 평가할 수 있다.[34]

기폭장치는 미사일에 장착이 가능한 핵폭탄의 소형화를 위한 기술이다. 2013년 제3차 핵실험부터 소형화, 경량화, 다종화의 양상을 보이고 있으며, 2016년 제4차 핵실험에서 만약 증폭기술을 확보하였다면 이는 핵폭탄 소형화를 위해 필수적인 기술을 확보하였다는 것이라고 할 수 있다.

핵폭탄의 종류인 원자폭탄, 수소폭탄 등의 개발 능력을 살펴보면, 2017년 9월 3일 수소탄 시험을 성공적으로 단행한 제6차 핵실험을 통해 수소폭탄도 개발했을 것으로 추정하고 있다.

핵폭탄 운반체제인 미사일 개발에 대해 살펴보면 대부분의 미사일이 액체연료를 추진체로 사용하고 있지만 최근 개발 중인 ICBM 미사일인 화성-13형과 신형 SLBM 미사일인 북극성 3형에는 고체연료를 추진체로 사용하는 것으로 알려졌다.[35] 유도기술 측면에서도 GPS 유도기술을 사용함으로써 정확도가 매우 높아졌으며 탄두의 대기권 재진입 기술도 상당한 수준에 올라 있다고 평가하고 있다. 미사일은 단거리 탄도미사일(1,000km 이하), 중거리 탄도미사일(1,000~5,000km), 대륙간 탄도

---

34 미국 과학국제안보연구소(ISIS) 소장 올브라이트는 VOA 와의 전화인터뷰에서 북한이 2020년 기준 핵무기 20~50개를 보유하고 있는 것으로 평가했다. VOA(2020. 1. 16일자).

35 국방부, 『2020년 국방백서』, p. 28.

미사일(5,500km 이상)을 개발하여 시험발사를 이미 마친 것으로 알려지고 있다.[36] 또한 2021년 9월부터 2022년 1월까지 시험 발사한 것으로 알려진 극초음속미사일은 세계 어느 곳이든 경고 없이 선제공격을 할 수 있고, 민감한 전략표적에 대해서도 즉각 대응이 가능하다.[37]

핵무기 지휘통제체제에서 핵심조직은 전략군이다. 전략군이 창설된 시기는 2014년으로 핵탄두와 미사일이 고도화되어가던 시기였다. 기존에 핵심조직이었던 미사일 지도국과 전략로켓사령부가 단순히 미사일을 지휘통제하는 조직이었다면 전략군은 핵무기를 실전배치 하면서 이에 대한 지휘통제체제 구축을 위해 만든 조직이라고 할 수 있다.

2) 핵위협 평가

핵능력 중 먼저 핵무기의 숫자로 국내외 전문가들은 2020년까지 20~50개의 핵무기를 보유한 것으로 추정하고 있으며, 일부 전문가들은 핵물질 생산능력이 증가함에 따라 2027년까지 최대 151~242개의 핵무기를 보유하게 될 것으로도 전망하고 있다.[38] 또한 원자폭탄에 더해 수소폭탄까지 핵실험을 마침으로써 우리나라와 국제사회에 커다란 위협

---

36 Gentile Gian · Crane K. Yvonne · Madden Dan · Bonds M. Timothy · Bennett W. Bruce · Mazarr J. Michael · Scobell Andrew, "Four Problems on the Korean Peninsula: North Korea's Expanding Nuclear Capabilities drive a Complex set of Problems", RAND Corporation (2019), p. 4.

37 김종하, "북한의 극초음속미사일 위협", 『세계일보』(2022. 1. 14일자).

38 Bennett W. Bruce, "Counting the Risk of North Korean Nuclear Weapon", RAND Corporation, *National Security Research Division* (April, 2021), p. 37.

이 되고 있다. 만약에 10kts의 핵무기가 서울에 떨어지면 29,000명에서 40,000명의 사상자와 사망자가 발생하는 것으로 추정하고 있으며, 만약 50kts 핵무기를 사용한다면 사상자는 2배에서 2.5배 더 늘어날 것이다.[39]

핵폭탄의 운반체인 미사일 기술 개발도 고도화 되고 있는데 2007년에는 사거리 3,000km 이상의 중거리 탄도미사일 무수단을 작전 배치하여 한반도를 넘어서는 주변국에 대한 타격능력을 갖추었다.[40] 김정은 체제 들어서도 본격적으로 미사일의 성능을 고도화하기 위해 시험발사를 했는데 은하 3호는 최초 위성발사용 로켓으로 2012년 1만km로 추정되는 운반능력을 보여주었다. 이후 2016년 2월 7일에는 광명성 4호를 시험 발사하여 12,000km로 추정되는 장거리 운반능력을 확보한 것으로 평가된다. 2017년 5월과 8월 그리고 9월에는 화성 12형을 북태평양으로 발사하였고 7월과 11월에는 미국의 본토를 위협할 수 있는 화성 14형과 15형을 시험 발사하였다. 잠수함발사 탄도미사일은 2016년 8월 24일 북극성 1형이 500km를 성공적으로 비행한 이후 2017년 5월 30일 3,000톤급 신형 잠수함과 북극성 3형을 개발하고 있는 것으로 평가하고 있다.[41]

또한 2021년 9월부터 2022년 1월에 걸쳐 시험 발사한 극초음속미사일은 요격확률을 현저히 줄이면서 빠른 속도와 정확성으로 이동식 발

---

39 Bennett W. Bruce, "Uncertainties in the North Korean Nuclear Threat", RAND Corporation (2010), p. 6.

40 Schiller Markus, "Characterizing th North Korean Nuclear Missile Threat" RAND Corporation (2012), pp. 24~34.

41 함형필, "북한의 핵전략 변화 고찰: 전술핵 개발의 전략적 함의", 『국방정책연구』 제13권 3호(2021), p. 20.

사대 등의 이동표적을 신속하게 타격할 수 있는 것이 특징이다.[42] 보유한 미사일의 탄두중량은 북극성, 북극성 2형, 화성 12형, 무수단급이 650kg의 중량을 화성 15형이 1,000kg 정도인 것으로 평가하고 있다.

지휘통제를 위한 핵무장단의 역할은 평시에는 핵탄두를 관리하다가 전시로 전환이 되면 전략미사일 부대로 이송시켜 장착시키는 역할을 한다.[43] 핵무장단의 편성을 보면 핵무기 운영을 전문화하고 있다고 할 수 있다.

비핀 나랑(Vipin Narang)이 제기한 북한의 4가지 핵사용 전략을 살펴보면[44] 먼저 첫 번째는 국제정치 및 외교적 양보 획득 전략, 두 번째는 한반도 위기를 국제화하는 전략, 세 번째는 정권에 위협이 되는 공격 저지를 위한 보복 전략, 네 번째는 한미동맹에 비해 약한 재래식 약점을 상쇄하기 위한 핵전쟁 전략으로 구분해 볼 수 있다고 하였다. 또 다른 핵사용 시나리오는 핵을 실제 사용하지 않고 사용하겠다고 위협하거나 또는 사용을 축소하기 위해 조기에 개입하여 사용할 것이라는 것과 북한 내륙 쪽으로 한미동맹이 안정화작전을 시도할 때 사용할 것이라는 의견도 있다.[45]

---

42 김종하, "북한의 극초음속미사일 위협", 『세계일보』(2022. 1. 14일자).

43 김진무, "한반도 비핵 평화의 길: 북한의 협상 수용배경과 한국의 전략", 세종연구소(2019), p. 94.

44 Narang Vipin, "Nuclear Strategy in the Modern Era?: Regional Powers and Intenative Conflict", Princeton, NJ, Princeton University Press (2014), pp. 265~277.

45 Terrell R. Patrick, "North Korean Collapse: Weapon of Mass Destruction Use and Proliferation Challenge", *The North Korea Instability Project USKI*, Johns Hopkins (Jun, 2017), pp. 15~16.

제2절 북한의 특수환경

이 절에서는 북한에 적용 가능한 비핵화 유형을 제시하기에 앞서 북한만이 가지고 있는 환경변수로서 특수환경을 살펴본다. 기존의 사례 국가와는 다른 북한의 특수환경을 알아야 적용 가능한 최적화된 비핵화 유형과 정책적 함의를 제시할 수 있다.

1. 북한체제의 폐쇄성

애초부터 북한은 사회주의체제로 출발했다고 하는데 이제는 사회주의체제 국가 대부분이 구시대의 유물로 사라져 버린 것에 비하면 여전히 이 체제를 고집하고 있는 유일한 국가이다.[46] 그리고 세계에서 가장 폐쇄된 공산주의 독재국가이다. 북한은 사회주의체제로의 전환, 선

46 이지수, "북한의 특수성: 설명요인과 그 함의", 『북한경제리뷰』 9월호(2011), p. 45.

대 수령인 김일성, 김정일의 사망 그리고 극심한 경제난에도 불구하고 3대 세습에 성공한[47] 유일한 독재국가이며 지독한 폐쇄성으로 인해 내부의 상황을 파악하는 것이 매우 어렵다. 정성장 세종연구소 북한연구센터장은 천지일보와의 통화에서 북한체제의 폐쇄성이 내부 사정을 파악하는 데 가장 큰 장애요인이라며 "북한 당국이 매체 등을 통해서 공개하지 않는 한 사실상 파악하기가 쉽지 않다"고 밝혔다.[48]

북한이 사회주의이자 공산주의 국가이면서도 다른 국가들에 비해 가장 폐쇄적인 국가가 된 배경에는 체제의 뿌리가 김일성의 항일무장투쟁에 있다는 것이다. 그리고 이 투쟁의 역사적 맥락은 수령제와 관련이 있으며 이 수령제가 혁명전통에 따라 당의 규약과 헌법에 의해 제도화된 것이다.[49] 이 수령제 때문에 수령에 의한 독재가 가능해진 것이다. 따라서 독재국가로의 명맥 유지를 위해 폐쇄성을 가진 국가로 남을 수밖에 없었던 것이다. 북한체제의 폐쇄성은 비핵화를 추진하는 데 있어 정확한 정보에 근거하지 못하고 그들이 공식 발표한 자료, 국내외 전문가들이 판단한 자료를 가지고 분석을 할 수밖에 없는 한계를 가지고 있다.

---

47 이홍석, "북한체제 내구성에 관한 연구: 수령제의 제도화를 중심으로", 『통일연구』 제24권 1호(2020) p. 3.

48 김성완, "북한의 폐쇄성, 김정은 건강이상 설설설 부추겨… 외신의 관심도 한몫, 『천지일보』(2021 .5. 5일자).

49 이홍석, "북한체제 내구성에 관한 연구: 수령제의 제도화를 중심으로", p. 45.

2. 핵개발에 대한 기회비용

북한은 독재자와 추종세력에 의한 전략적 선택에 의해 핵개발을 추진했으며, 이미 수십기의 핵무기를 보유한 것으로 평가되고 있다. 또한 스스로 핵무력 완성을 선포하고 핵보유 국가로서의 위상을 가지기 위해 집요하게 노력하고 있다.

북한은 스스로 오랜 시간과 노력, 재원을 투자하여 현재의 핵능력을 보유하게 되었기 때문에 그동안에 들었던 국내외의 정치적 · 경제적 비용을 회수할 것이라고 예상하는 일은 지극히 자연스러운 일이다.[50] 기회비용에는 핵무기 개발을 추진함으로써 국제사회로부터 받은 각종 대북제재에 따른 경제적 불이익과 정치적으로 고립되어 국제사회의 일원이 되지 못해 치른 정치적 비용 등이 포함될 것이다.

이처럼 핵개발에 대한 기회비용은 앞에서 제시한 다른 국가들에 비해 핵포기를 쉽게 결정하거나 핵협상을 통해 비핵화를 달성하는 것이 결코 쉽지 않을 것이라는 것을 알 수 있다.

3. 북한의 경제체제

북한은 현재까지도 사회주의 경제체제를 포기하지 않고 중앙 집중

---

50 김영준, "왜 북한은 우크라이나랑 다른가? 우크라이나 핵폐기 과정 분석과 북한식 CTR 모델 연구", 『세계지역연구논총』 제37집 4호(2019), p. 83.

적인 계획경제를 시행하고 있다. 이로 인한 명령경제체제의 비효율성 누적과 시장경제체제의 도입 지연은 결과적으로 경제를 낙후하게 만들었다. 거기에 더해 세계적으로도 유일한 정치적 세습 및 독재체제는 합리적인 경제운영을 근본적으로 가로막고 있다.[51] 북한은 경제회생을 위한 자구책의 일환으로 대외개방을 모색했다. 그러나 제한적인 개방정책의 한계와 국내적 개혁정책 미흡으로 인해 제대로 된 효과를 거두지 못하였다. 그럼에도 불구하고 북한체제가 전면적으로 붕괴되지 않는 것은 중국과 러시아에 의한 음성적 원조 때문이라고 할 수 있다. 즉 냉전시대에는 사회주의권 국가들의 원조에 의존하였으며 냉전시대 이후에는 중국에 의한 음성적인 원조와 러시아의 지원에 의해서 경제를 지탱하였다고 할 수 있다.[52]

최근 제8차 노동당 대회에서 김정은은 "국가경제발전 5개년 계획의 목표는 거의 모든 부문에서 엄청나게 미달"되었다고 경제 분야의 성과 미진을 인정하였다. 그러면서도 특별한 대책이 없기 때문에 기존 자력갱생형 정면 돌파전을 계속 고수할 것으로 보인다.[53]

비핵화를 유도하기 위해 경제체제를 살펴보는 일은 매우 중요하다. 미국과 국제사회의 경제제재가 북한 경제에 얼마나 영향을 미치는지를 평가해보면 비핵화를 위해 어떤 방향으로 접근해야 하는지를 알 수 있다.

---

51 김규륜, "김정은 시대 북한경제의 현황과 전망", 『신아세아』 25권 1호(2018), p. 44.

52 김규륜, "김정은 시대 북한경제의 현황과 전망", pp. 44~45.

53 이승렬 · 이승현, "북한 노동당 8차 대회의 주요 내용과 시사점", 국회입법조사처, (2021. 2. 9), p. 2.

4. 중국의 중재국가로서 역할

북한문제에는 중국 변수가 있다. 북한 옆에는 항상 중국이 있었고 미국과 중국과의 패권경쟁은 점차 노골화되어 가고 있다. 중국은 상황이 바뀌면 언제든지 북한문제에 대해 보다 적극적이거나 기회주의적인 조치를 취할 수 있다.[54] 이런 점에서 북한의 비핵화를 위한 중국 변수는 매우 크다고 할 수 있으며, 미국의 입장에서도 중국의 역할에 대해 북한을 협상테이블에 끌어들이는데 진정한 파트너가 될 수 있는지 고민하고 있다.[55]

중국은 한반도에서 전쟁을 피하고 북한체제의 붕괴를 억제하는 동시에 평화적 비핵화를 추구하고 있다. 따라서 중국은 북한의 행동을 허용 가능한 임계값 이하로 유지하려고 하고 있다.[56] 또한 중국은 유사시 북한정권이 무너지면 대량살상무기를 확보하기 위해 군사적으로 개입이 가능할 것이다.[57] 2019년 랜드연구소의 부루스 베넷 박사는 한반도에서 전쟁이 발발하면 전쟁 초기에 북한의 핵무기 사용은 전체 핵무기의 70~80%는 한국과 주한미군 기지에 사용하고 나머지 20%는 중국군이 산둥반도로 북한에 진입하려는 시도를 막기 위해 사용할 것이라고

54 Saunders C. Phillip · Przystup J. James · Helvey F. David, "North Korea 2025: Alternate Future and Policy Challenges", *INSS EVENT REPORT*, National Defense University Press (2 Feb, 2016), p. 3.

55 Soo Kim, "Can China Be a Real Partner in Bringing North Korea Negotiating Table?", RAND Blog (10 Jul, 2021), https://www.rand.org/blog 검색일 2022. 3. 10.

56 National Defense University, "NDU Korea Futures 2025 Symposium", pp. 228~229.

57 National Defense University, "NDU Korea Futures 2025 Symposium", pp. 225~226.

예상하였다.[58]

즉, 북한의 비핵화를 위해 한국과 미국이 북한과 협상할 때도 관련 국가인 중국을 제외하고는 논의가 어렵다는 것이다. 따라서 한반도 비핵화를 위한 한중협력 방안으로 제시되고 있는 것은 중국의 입장과 정책을 정확히 파악한 가운데 긍정적인 역할을 견인할 수 있도록 관심과 노력을 기울여 촉진자 역할을 수행하도록 하는 것이 바람직하다.[59]

앞서 이란의 사례에서 중재국가라는 개념이 등장하였다. 이란의 핵 포기를 위한 협상 시 중재국가가 있었기 때문에 타협형 비핵화가 달성할 수 있었다. 북한의 비핵화를 위해 중국의 존재는 중재국가로서 역할을 수행할 수 있을 것이며 중국을 활용하는 비핵화를 고민해야 한다.

5. 실질적인 적대국가와의 대립

앞에서 제시한 남아공, 이란, 리비아 등은 국경을 맞대고 있는 실질적인 적대국가가 없었다. 이란과 리비아가 미국 등 국제사회의 제재와 미국의 군사적 위협을 느끼기는 했지만 북한처럼 국경을 맞대고 있는 실질적인 적대국가가 있어 대립을 하는 경우는 없었다.

북한에게 있어 남북관계는 개선 또는 악화를 반복되고 있지만 여

---

58 Bennett W. Bruce, "Bruce W. Bennett Interview", RAND Corporation, Seoul Korea (12 February, 2019)

59 이창형 · 박대광 · 김성걸, "한반도 비핵화 및 평화체제를 위한 한중 협력방안 연구", 『KIDA Brief』(2020), pp. 3~4.

전히 주한미군이 주둔하고 있는 대한민국과 휴전선을 맞이하고 있다. 북한이 재래식 전력 대신에 비대칭 전력인 핵무기에 의지하게 된 것은 최소 비용의 최대 효과를 노린 안전보장의 선택이었다. 한반도 주변 국가인 일본에도 여전히 주일미군이 건재하고, 미일동맹도 중국을 견제하기 위한 미국의 전략으로 강화되고 있다. 즉 북한에게는 외부 위협이 오히려 증대되고 있으며, 국경을 맞대고 있는 적대국가가 존재한다는 점에서 핵보유는 생존을 건 선택일 수밖에 없다.

북한의 비핵화를 유도하기 위해 실질적인 적대국가가 있는지의 여부를 살펴보는 것은 매우 중요하다. 국경을 맞대고 있고 적대국가라고 느끼는 한미 동맹과 미일 동맹의 존재는 북한의 비핵화를 위해 국제관계와 군사력의 운용 등 안보환경 변화를 고려해야 한다는 것을 의미한다.

제3절 안보환경

1. 국제관계

핵개발로 인해 미국과 국제사회의 대북제재가 지속적으로 유지되어 옴으로써 북한 경제와 주민들에는 심각한 타격을 주고 있다. 김정은은 이러한 경제난을 타개하고 국제사회의 정상국가로서 인정을 받기 위한 대외관계 전환을 시도하였지만 실패하였다.

2012년 김정은 체제 공식 등장 이래 전개된 안보정책은 크게 두 시기로 나누어 살펴볼 수 있을 것 같다. 그 첫째는 2012년부터 2017년까지 내세웠던 '경제 건설과 핵무력 건설의 동시적 추구를 내세운 병진노선'의 추구로 이 시기의 대외위협인식은 크게 악화되었다. 미국의 대북 전략적 인내 정책으로 인한 대미관계의 단절과 악화, 장성택 처형으로 인한 중국과의 전략적 소통 단절, 남한과의 관계 악화 등으로 설명할 수 있다.[60] 두 번째는 2018년부터 시작되어 지금까지 지속되고 있는 김정

60 김연수, "김정은 체제하 북한의 안보정책 진단: 위협인식과 대응을 중심으로", 『북한연구학

은 시대 2기의 안보정책이다. 이는 핵전력화 성공의 자신감에 기반한 전략국가로의 위신상승과 그에 조응하는 발전권의 개념에 기초한 새로운 대외정책적 행보에서 주요한 변화를 시도하고 있는 것이 특징이다.

남북관계는 한국에 문재인 정부가 출범한 이후 대북한 우호정책 기조 속에서 3회의 남북정상회담을 실시하였다. 하지만 트럼프와 김정은 간에 개최되었던 하노이 북미 정상회담의 결렬로 인해 남북관계는 다시 수면으로 가라앉는 침체기를 맞이하게 되었다. 북-중 정상회담이 연속적으로 5회나 실시되어 새로운 수준에서의 밀도 있는 전략적 협조의 기조가 확인되었다. 북한에 있어서 중국은 하나뿐인 우방이라는 점을 인식하고 있어서 중국과의 관계악화를 바라지 않을 것이다.[61] 대미관계에서는 여러 가지 평가가 나오지만 2회의 북미정상회담은 그 만남 자체로서 새로운 전환이라고 평가할 만하다.[62] 그러나 최근의 대미관계의 변수는 트럼프와의 북미정상회담이 큰 성과 없이 종료되었고 바이든 행정부가 들어서면서 북미관계는 기존의 방법이 아닌 새로운 형태의 방법으로 진행될 가능성이 매우 크다는 것이다.

이러한 상황을 잘 반영한 것처럼 2021년 제8차 노동당대회에서 남북관계와 대미관계를 언급하였는데 그 내용은 다음과 같다.[63]

회보』 제24권 2호(2020), p. 104.

61 정재홍, “한반도 평화체계 구축: 중국의 인식과 입장”, 세종연구소, 『세종연구총서』(2019. 10. 21), pp. 52~59.

62 김연수, “미북 정상회담의 결과와 북한의 대외전략 전망”, 『월간 KIMA』(2018년 7월호), pp. 1~2.

63 이승렬 · 이승현, “북한 노동당 8차 대회의 주요 내용과 시사점”, 국회입법조사처(2021. 2. 9), pp. 2~3.

김정은은 "남북관계 교착의 원인을 남측으로 돌렸으며 중대한 기로에 서 있다"고 언급하였다. 또한 "파국에 처한 현 남북관계를 수습하고 개선하기 위해 적극적인 대책을 강구해야 한다"며, "남북선언의 이행과 남한의 태도에 따라 남북관계가 평화와 번영의 출발점으로 돌아갈 수 있다"고 언급했다. 대미관계에 대해서도 "새로운 북미관계의 수립의 열쇠는 미국의 대북한 적대시 정책을 철회하는 데 있다"며 "앞으로도 '강대강 선대선의 원칙'에서 미국을 상대할 것"이라는 입장을 견지했다.

종합적으로 국제관계는 미국과 국제사회의 대북제재가 지속적으로 유지되는 가운데 우호적으로 전환하기 위한 시도가 있었으나, 북미 정상회담 결렬과 미국의 새로운 행정부의 출범으로 인해 매우 불투명한 상태가 되었다. 따라서 국제관계는 비우호적인 상태라고 할 수 있다. 다만 비핵화 추진 시 중재국가로서 중국을 활용할 수 있다는 점은 주목해야 하겠다.

2. 군사적 위협

핵무기를 포함한 남북한 군사력을 비교해보면 남한의 군사력 지수는 840이며 북한은 946.4이다. 백분율로 표시해보면 남한과 북한이 100:113으로 북한의 군사력이 우세하기는 하지만 "미국의 핵우산을 상쇄할 정도의 압도적인 격차가 발생하는 것은 아니다"라는 연구결과가 있었다.[64] 그러나 북한의 핵위협은 미국의 핵우산을 포함하더라도 한국에게는 상당한 위협이 되며 특히, 전문가들은 핵무기 사용을 위협하면서 단기 속결전을 벌이는 것을 제일 경계해야 한다고 하였다.[65]

우리가 북한의 핵무기를 포함한 재래식 전력에 군사적 위협을 크게 느끼는 것과 마찬가지로 북한은 대미 군사적 위협을 크게 느끼고 있다. 바로 이러한 이유 때문에 핵무기 보유를 통해 정권유지와 체제안정을 보장받겠다는 것임을 알 수 있다. 김정은 체제의 위협인식을 1기와 2기로 나누어 살펴보면 다음과 같다.[66]

1기는 미국의 '전략적 인내 정책' 에 대한 위협인식 증가로 볼 수 있다. 미국의 대북정책인 전략적 인내정책은 전략적 실수 혹은 사태의 악화 상황 등을 기다리는 일종의 '전략적인 의도적 불개입' 정책이다. 이러한 미국의 대북정책은 2012년 '신국방전략지침'에도 잘 나타나 있다.[67] 북한은 주한미군 전력을 바탕으로 한 한미동맹의 군사력과 연합훈련을 매우 두려워하고 있으며, 이러한 북한의 위협인식은 대북적대시 정책의 지속 내지 강화의 맥락으로 인식하여 핵무기 개발과 미사일 발사 등을 지속하게 되는 계기가 되었다. 2기의 위협인식인 온전한 핵능력 국가의

---

64 박휘락, "북핵 보유 상태의 남북한 군사력 비교와 한국의 대응방향", Hansun Brief, (2019. 1. 21), p. 4.

65 박휘락, "북핵 보유 상태의 남북한 군사력 비교와 한국의 대응방향", p. 4.

66 김연수, "김정은 체제 하 북한의 안보정책 진단: 위협인식과 대응을 중심으로", pp. 108~122.

67 오바마 정부의 신국방전략지침에서는 미국의 동맹국의 안전보장을 확보하고, 미국의 국방정책의 초점을 중동에서 아시아태평양지역으로 옮기겠다는 사실을 명백히 하고 있다. 또한 신 국방지침은 미국의 군사력이 날렵하고, 탄력적이며 온갖 종류의 상황에 대처할 수 있는 것이어야 한다고 주장하고 있으며 미국이 인식하는 안보위협 국가들에 북한을 포함하였고, 핵 및 대량살상무기 확산 저지를 천명하였다. 이춘근, "미국의 신국방전략 지침 해설", 『KERI 국제정세』(2012. 1. 9).

입지 확보에 기초한 '전략국가' 인식은 김정은 체제의 새로운 대외안보 환경인식으로 이어졌다. 보다 완화된 대외위협인식으로의 변화로 이어졌던 것이다.

북한의 위협인식이 변화된 것은 남한의 문재인 정부와 미국의 협상가적 인물인 트럼프 정부가 등장한 것이 계기가 되었다. 또한 국방력 강화 일변도 정책은 경제재건의 목표달성을 어렵게 하는 상황으로 대북제재를 주도하고 있는 미국과의 협상지점을 모색해야 하는 전략적 판단에 이르렀을 가능성이 크다. 북한은 핵무력 완성을 선포하였으며 경제와 핵 병진노선의 유연화 조치를 취했다. 2기에는 주한미군 전력을 바탕으로 한 한미동맹의 군사력은 항공모함, 폭격기, 정찰기 등 첨단무기의 한반도 전개가 축소 시행되었다. 하지만 계획된 한미연합훈련 시행, 미국 자체 탄도미사일 요격훈련 등 막강한 군사력의 과시를 통해 북한이 협상테이블에 나올 수밖에 없도록 유도한 것으로 평가할 수 있다. 이는 북한이 제8차 노동당 대회에서 요구한 '첨단무기의 한반도 도입 금지와 한미연합훈련 중단'만 보더라도 한미동맹의 강력한 군사력을 군사적 위협으로 크게 느끼고 있다는 것을 알 수 있다.

종합적으로 군사적 위협을 1기와 2기 시기를 통해 분석해보면 북한은 미국의 압도적인 군사력 때문에 정권유지와 체제안정을 위해 핵무기 개발을 추진하였다. 따라서 미국의 압도적인 군사력과 한미동맹의 연합훈련을 통한 군사력 현시에 매우 강하게 위협을 느끼고 있다고 할 수 있다.

제4절 국제규범

1. 비핵화 레짐

1985년에 북한은 NPT에 가입했으나 180일간의 교섭 이후 18개월 안에 핵안전협정을 체결해야만 하는 IAEA의 의무조항을 이행하지 않았다. 이후 연장기간이 끝나는 1989년 6월까지 핵안전협정을 미체결 하였다. 이에 따라 미국은 핵무기 개발 의혹을 제기하였고 국제적 압력을 가하기 시작했다.

북한은 소련의 개혁정책이 진행됨에 따라 기존의 대 유엔정책인 '하나의 조선'이 단일국가로 유엔에 동시 가입한다는 정책을 변경하여 1991년 분리 가입하였다. 이는 그동안 보였던 자세를 바꾸어 유연한 자세로 생존권 확보를 추구한 것이라고 할 수 있다. 북한은 1991년 9월 미국 부시 대통령의 전술핵무기 폐기 선언과 1991년 12월 노태우 대통령의 핵 부재선언을 계기로 1992년 1월 IAEA와 핵안전협정을 체결하였다. 이후 1993년 2월까지 총 6회의 사찰을 받았다. IAEA는 북한이 미신고한 영변의 2개 기지에 대해 특별사찰을 요구했다. 그러나 미신고시설에 대한 사찰은 사상 유례가 없었기 때문에 사찰수용이 불가하다고 주장하면서 주권 침해라고 반발하였다.[68] IAEA는 1993년 2월 9일에 핵폐기물 저장소로 추정되는 영변 내 2개의 미신고시설에 대한 특별사찰 수용을 요구하면서 핵무기 개발 의혹의 근거로 들었다. 북한과 IAEA가 대립하는 가운데 미국은 1993년 3월 초 계획된 팀스피리트 훈련을 강행하였고, 북한은 이에 대해 항의하면서 1993년 3월 21일에 NPT를 탈퇴하였다. 탈퇴 목적은 미국의 핵 기득권 유지와 세계적인 군사적 헤게모니를 계속 장악하겠다는 장기적인 전략에 엄청난 타격을 줄 수 있다는 계산과 함께, 핵카드를 통해 미국과의 관계 개선을 이루어내 자신의 생존권을 보장하고자 하였다.[69]

NPT 탈퇴에 따른 미국의 기본 입장은 북한으로 하여금 탈퇴를 철회하게 하고 더불어 핵무기 개발을 저지시키는 데 있었다.[70] 부시 행정부와 마찬가지로 클린턴 행정부도 외교정책의 우선순위를 핵확산 억제에 두고 있었다. 핵확산 금지는 미국의 최우선 목표였으며 기본적인 정책은 NPT의 철저한 준수였다.[71] NPT 탈퇴 선언으로 유엔안전보장이사회에서는 군사적 조치를 포함하여 검토하였다. 그러나 북한은 벼랑 끝 전술을 통해 미국과 타협을 이끌어냈으며 체제 유지를 위한 시간을

68 IAEA, "Fact Sheet on DPRK Nuclear Safeguards", https://www.iaea.org/focus/dprk/ 검색일 2022. 3. 10.

69 하대성, "북한 핵위기에 대한 한국과 미국의 대응전략 고찰: 북한의 NPT 탈퇴시점을 중심으로", 『대한정치학회보』 제24집 2호(2016. 5), p. 36.

70 Nuclear Threat Initiative, "North Korea Nuclear Chronology"(Mar, 2013), https://www.media.nti.org/pdfs/ 검색일 2022. 3. 10.

71 백봉종, "북한의 NPT 탈퇴와 주변 4강", 『통일논총』 제6집, 동의대학교 통일문제연구소(1993), p. 6.

벌 수 있었다. 이 타협의 결과로 KEDO(한반도에너지개발기구)로 부터 중유공급과 경수로 건설이라는 보상을 얻어냈다.

제2차 북핵 위기는 2002년 북한을 방문하였던 켈리 국무부 차관보가 우라늄 농축 프로그램 보유를 제시하자 북한이 이를 시인하면서 불거지게 되었다. 이에 따라 IAEA는 대북결의를 추진(2002. 11)하여 KEDO의 중유공급 중단(2002. 11)과 경수로 건설 중단(2003. 11)을 결정했으며 중유공급 중단 후 북한은 핵 동결을 해제하고 NPT 탈퇴를 재선언하였다.

종합적으로 북한은 NPT 가입과 탈퇴, IAEA의 사찰 수용과 거부 등 지금까지 국제규범에 영향을 받아왔고 이를 교묘히 이용하여 핵무기를 개발하여 왔다. 지금까지의 북한의 행태를 국제규범에 대한 영향과 국제사회 참가 의지 여부로 판단해 보면 북한은 국제규범의 영향을 크게 받고 있고 미국과의 협상을 시도하는 등 국제사회 참가 의지가 매우 크다고 할 수 있다.

2. 제재와 보상

북한의 도발에 대응하여 국제사회에서는 2006년부터 2017년까지 총 11회의 유엔안보리 결의안을 채택하여 대북제재를 강행하여 왔다.[72] 2006년 7월에 미사일 시험발사 후 유엔안전보장이사회는 결의안 제

72 신병철, "대북제재 메커니즘의 이해", 한국법제연구원(2019), pp. 1~4.

1695호를 채택했다. 그 주요 내용은 탄도미사일 개발과 관련된 어떠한 물질의 판매도 금지하는 것이었다. 그해 제1차 핵실험을 감행하자 유엔안전보장이사회는 6자회담에 즉시 복귀할 것을 촉구하는 결의안 제1718호를 채택했다. 그럼에도 제2차 핵실험을 실시하자 유엔안전보장이사회는 2009년 6월 결의안 제1874호를 채택하여 군수화물에 대한 제재 확장과 해외무역 및 금융 원조 제한 등 보다 강력한 추가 제재를 부과했다. 2012년 12월 장거리 미사일을 실험하자 유엔안전보장이사회는 2013년 1월에 결의안 제2087호를 채택했다. 이 결의안은 이전의 제1718호와 제1874호에서 규정한 제재를 더욱 강화한 것이었다. 2013년 2월 초 제3차 핵실험을 감행하자 유엔안전보장이사회는 결의안 제2094호를 채택했다. 이 결의안은 기존의 대북제재를 한층 더 강화하면서 금융제재를 포함하고 있었다. 이후 2016년 제4차 핵실험 및 장거리 미사일 발사에 따라 유엔안전보장이사회는 결의안 제2270호를 채택했다. 이 결의안은 북한 정부와 노동당의 자산을 동결하고 출입하는 모든 화물 검색을 의무화하고 석탄, 철광 수출을 금지하는 것이었다. 2016년 5차 핵실험을 감행하자 유엔안전보장이사회는 결의안 제2321호를 채택하였다. 그 내용은 과학기술협력 금지, 은, 동, 아연 등 수출 금지가 포함되었다. 이후에도 도발에 대한 유엔안전보장이사회의 결의는 계속되었다. 2017년 중단거리 미사일 연속발사에 따라 결의안 제2356호를 채택하였다. 그 주요 내용은 고려은행 등 기관 4곳, 개인 14명을 제재 목록에 추가한 것이었다. 2017년 8월에는 ICBM급 미사일 시험발사에 따라 북한산 수산물 수출금지, 노동자 고용수준 동결을 주 내용으로 하는 결의안 제2371호를 채택하였다. 또한 같은 해 9월과 12월에 6차 핵실험과 ICBM급 미사일 시험발사에 따라 결의안 제2375호와 제2397호를 채택하였다. 그 주요 내용은 원유공급을 연 400만 배럴로 동결하고 정유제품 공급을 55%로 감축하는 내용이었다. 유엔안전보장이사회의 대북제재는 북한이 경제적 압박에 거의 영향을 받지 않는 나라라고 하더라도 경제상황에는 상당한 위협을 주는 것으로 확인되고 있다.

이와 반대로 국제사회가 북한에게 주었던 보상은 북미 기본합의(제네바합의)에 따라 한반도에너지개발기구(KEDO)가 대북중유 공급과 경수로 사업을 지원하기로 했다가 핵문제의 진전이 없자 중단했던 사례가 있었다. 이외에는 핵개발과 관련하여 국제사회의 보상은 많지 않았던 것으로 확인된다. 왜냐하면 핵개발과 관련한 주요 위기 시 마다 양측이 만족할 만한 결과를 내지 못하여 보상 옵션이 제대로 작동하지 않았기 때문이다.

종합적으로 북한의 비핵화를 위해 국제사회의 대북제재와 보상의 영향은 매우 크다고 할 수 있다. 대북제재로 인해 경제발전이 진척되지 않고 있음을 수뇌부도 인식하고 있으며, 보상 문제는 비핵화를 위한 협상 시 중요한 옵션으로 작용할 수 있다.

제5절 국내정치

1. 정권유지

북한이 현재 취하고 있는 정치형태는 사회주의 국가들에게서 일반적인 공산당 독재가 아니며, 수령을 정점으로 한 1인 독재체제이다.[73] 북한 정권의 장기집권 요인을 살펴보면 다음과 같다.[74] 첫째는 지도자를 존경하고 한민족의 우월성을 강조하는 정치문화로서 적대적이며 외부 영향에 부정적이다. 두 번째는 대중을 세뇌시키는 환상공포의 인민민주주의공화국이다. 세 번째는 외부위협을 이용하여 정권을 강화하고 국민들을 두려워하게 만들어 정권에 도전하지 않도록 하였다. 또한 지배 엘리트는 국가의 생존을 보장하기 위해 가능한 모든 조치를 취할 것이며

---

73 Albert Eleanor, "North Korea's Power Structure", Council on Foreign Relations, (17th Jun, 2020), https://www.cfr.org/backrounder/ 검색일 2022. 3. 10.

74 Saunders C. Phillip · Przystup J. James · Helvey F. David, "North Korea 2025: Alternate Future and Policy Challenges", pp. 4~5.

국가의 생존이 곧 그들의 생존이라고 인식한다.[75]

2022년은 김정은 체제가 공식적으로 출범한 지 11년이 되는 해이다. 출범 초기에는 나이가 젊은 지도자, 북 · 중 관계의 이완, 만성적인 경제난 등으로 인해 안정성에 대한 회의적인 시각이 존재하기도 했다.

주변의 불안한 시선에도 불구하고 그는 지난 11년 동안 대외환경과 경제적 어려움 속에서도 2017년 12월 '핵무력 국가 완성' 을 선포하는 등 북한사회를 이끌어 가고 있다. 그는 2021년 1월 조선 노동당 제8차 대회에서 지도자가 된 지 10년 만에 '총비서'로 추대되었다.[76] 아버지인 김정일의 상징적 직책이었던 '총비서' 직책을 승계함으로써 명실상부한 조선노동당 최고지도자임을 다시 한번 과시하였다.

북한이 오랫동안 핵을 개발해 온 과정을 살펴보면 단순히 안보를 위한 군사적 수단으로 또는 외교적 협상카드로 활용하기 위한 목적도 있겠다. 하지만 좀 더 구체적으로 살펴보면 1인 독재 정권유지를 위한 수단으로 핵무기를 개발하고 있다는 것을 알 수 있다. 즉, 핵이 없는 1인 독재정권은 존재할 수가 없을 것이라는 판단과 함께 정권유지를 위한 수단으로 핵무기 보유를 선택했을 가능성이 높다는 것이다. 특히, 김정은으로 권력승계가 시작되면서 정권안보에 대한 위협이 높아졌고, 이를 극복하기 위해 핵개발이 가속화되었다는 주장이 근래에 대두되었다.[77] 이는 정권안보를 국내정치적 생존 또는 안정의 문제로 파악하면서 강조

---

75 Ara Saeed Ferial · Przystup J. James, "Korean Futures: Challenge to US Diplomacy of North Korean Regime Collapse", *INSS Strategic Perspective* No. 7, National Defense University (Sept, 2011), pp. 4~7.

76 김종수 · 김상범, "북한 김정은 시대 위기와 대응: '인간의 얼굴을 한 수령'과 '인민대중제일주의'의 소환 · 발전", 『국가안보와 전략』 제21권 1호(2021. 1), p. 195.

77 이상근, "김정은 리더십과 북한의 대외정책", 『한국과 국제정치』 제33권 4호(2017), p. 95.

하는 것이다.

김정은은 강력한 독재자로서의 이미지에서 벗어나 정권유지를 위해서 변화된 지도자의 모습도 보이고 있다.[78] 현재의 상황으로는 계속해서 지도자의 강한 모습만으로는 한계가 있다고 느꼈기 때문이다.

종합적으로 김정은은 집권 후 11년 동안 정권유지를 위해 핵무기 개발을 가속화하고, 핵보유 국가를 선언하는 등 철저하게 국내정치에 이용하고 있다고 할 수 있다. 반면 비핵화를 결심하게 되는 주요 요인에도 정권유지가 크게 영향을 미칠 것이며 이것이 보장되는 선에서 타협할 가능성도 있다고 할 수 있다.

2. 체제안정

김정은 정권의 체제안정은 주로 북한 주민들이 피부로 느낄 수 있는 경제문제를 살펴본다. 경제문제는 사회주의 몰락으로 인한 경제의 악화 문제와 국제사회의 대북제재로 인한 심각한 경제난으로 구분하여 제시한다. 이 2가지 경제문제는 북한이 체제안정을 위해 반드시 해결해야 할 사안으로 평가되며 비핵화 추진에도 많은 영향을 미칠 것이다.

사회주의 정권의 붕괴로 대표되는 동구권 경제시장의 상실은 북한경제를 더욱 악화시키는 결정적 계기가 되었다. 그동안 사회주의 구상

---

78 김종수 · 김상범, "북한 김정은 시대 위기와 대응: '인간의 얼굴을 한 수령'과 '인민대중제일주의'의 소환 · 발전", p. 195.

무역을 통해 해결해 오던 원유와 식량이 급감하면서 역설적이게도 '자립경제' 체제가 붕괴된 것이다. 여기에다가 1990년대 중반 자연재해로 인한 대량의 아사자가 발생하는 등 북한 경제는 사실상 회복불능 상태에 빠지게 되었다.[79]

김정은은 2013년 3월 31일 당 중앙위원회 전원회의에서 "경제건설과 핵무력 건설을 병진한다"는 선언을 하였다. 이는 일단 핵개발에 주력할 것이고 핵을 보유하게 되면 전쟁억지력을 확보하여[80] 경제에 집중할 수 있는 여건을 조성하겠다는 것이다, 이러한 여건하에서 개혁, 개방을 통해 본격적으로 경제개발에 나선다는 것이었다.[81]

강력한 대북제재 하에서도 북한 경제는 심각한 위기에 빠지지 않고 버텨왔다. 하지만 무역적자 급증으로 외환보유고 급감이라는 값비싼 대가를 치러야 했다. 이것은 대북제재가 본격화된 이후 수출이 줄어드는 상황에서 제재와 관련 없는 중간재 및 소비재의 손실이 지속된 결과이다. 북한이 이러한 무역적자를 장기간 버텨낼 만큼 충분한 외화보유고를 갖고 있지 못하다는 점에서 경제에 상당한 위협요인이 될 것이다.[82] 문제는 지난 몇 년간 지속되어온 광업과 중화학공업의 마이너스 성장으로 인해 산업 연관체계 전체가 악순환의 고리를 벗어나지 못할

---

79 김종수 · 김상범, "북한 김정은 시대 위기와 대응: '인간의 얼굴을 한 수령'과 '인민대중제일주의'의 소환 · 발전", p. 197.

80 Przystup J. James · Sanders C. Phillip, "Charting a course: Choice for a New Administration", pp. 181~182.

81 홍제환, "김정은 정권 5년의 북한경제: 경제정책을 중심으로", 통일연구원(2017), pp. 37~40.

82 홍제환, "코로나 19 충격과 북한경제", 『Online Series』, co 20-18(2020. 8. 12), pp. 2~3.

가능성이 크다.[83]

종합적으로 북한의 체제안정을 위해서는 경제적 안정이 가장 중요한데, 소련 및 동유럽 사회주의 국가체제 몰락이라는 외부 환경과 사회주의 경제체제의 본질적 비효율성으로 인해 경제가 안정되지 않고 있다. 이에 추가하여 핵무기 개발로 인한 국제사회의 제재로 경제상황이 심각해진 상태이다. 국제사회의 대북제재가 경제상황에 심각한 위협을 주고 있는 점을 고려할 때 제재 완화로 인한 경제상황 호전이 체제안정에 영향을 미친다는 것을 알 수 있다.

83 이상근 · 임수호, "2021년의 북한 어떻게 볼 것인가?: 또다시 선택된 자력갱생이 드리운 그림자", 『이슈브리프』 통권 237호(2021. 1. 15), p. 2.

제6절 정치지도자의 성향

1. 김정은의 성향

김정은의 개인적 특징 중 하나는 솔직하고 개방적이라는 것이다. 그는 매우 적극적인 성격의 소유자로 자신이 원하는 것을 분명하게 표현하면서 적극적으로 행동하기도 한다.[84] 그는 과감한 성격에 의해 폭력적인 성향을 드러내기도 한다. 그리고 매우 자기중심적이며 오만한 성격을 보유하여 무례한 행동을 하기도 한다.[85] 그는 또한 이익을 철저히 계산하고 실리를 추구하는 '실리적 · 계산적' 성향도 가지고 있다.[86] 한편 공포정치를 통한 '강경 · 폭력적' 성향도 드러난다. 고모부인 장성택을 반역자로 처형해버린 것이 대표적인 사례이다.[87]

---

84 이상근, "김정은 리더십과 북한의 대외정책", 『한국과 국제정치』 제33권 4호(2017), pp. 97~98.

85 Britannica, "Kim Jong Un", https://www.britannica.com/biography/ 검색일 2022. 3. 10.

86 배한웅, "김정은 성격으로 본 통치스타일", 『경북매일신문』(2020. 8. 25일자).

87 이무철, "김정은의 공포정치와 통치 리더십", 통일부, 통일교육원(2016), p. 6.

김정은의 주요 메시지와 시행한 정책을 살펴보면 다음과 같다.[88]

김정은의 주요 메시지로 2013년부터 2017년까지는 경제분야를 주로 강조하면서 적들과 총 결사전, 미제와 어떤 형태의 전쟁도 가능하다는 연설을 주로 하여 대적의식과 선군사상을 강조하였다. 이후 2018년도부터 2019년까지는 실리추구를 위해 화해와 협력을 강조하면서 남북관계 개선과 북미관계 개선에 대해 주력하는 메시지를 주로 발표하였다. 이후 2020년부터 최근까지는 북미회담 결렬이후 다시 핵전쟁 억제력 강화, 대남, 대미 선제 핵공격 시사, 전술핵 전방 배치, 윤석열 정권과 그의 군대는 전멸될 것, 핵무력 사용 5대 조건 법제화 등의 대남 핵위협 강도를 대폭 높이는 호전적인 메시지를 계속해서 발표하고 있다.

김정은의 주요 정책으로는 먼저 경제분야에 대해 사회주의 기업책임제 및 농업개혁을 추진하였고 군수산업의 독립채산제와 기업의 경영권을 활용하도록 보장도 하였다. 그는 정적에 대한 숙청작업도 지속하여 공포정치를 시행하고 있는데 리영호, 장성택, 현영철을 처형한 바 있다. 또 핵무기 개발을 위해 탄도미사일 발사와 핵실험을 지속 실시하였으며 대남, 대미관계에 있어서도 남북정상회담과 북미정상회담을 통해 제재를 해제하기 위한 노력을 계속하고 있다. 북미회담 결렬 이후 2020년에는 남북공동연락사무소를 폭파하였고 남북 간 모든 연락채널을 차단하였다. 2021년에는 북한주민을 통제하기 위한 반동사상문화배격법과 청년교양보장법을 제정하여 무자비한 탄압을 가하고 있다.[89]

---

88 WIKIPEDIA, "Kim Jong Un", https://www.en.org/wiki/ 검색일 2022. 7. 19.

89 반동사상문화배격법은 2020년 12월에 북한당국이 한류 등 모든 외부문화, 종교, 자본주의적 생활방식 등 북한 당국의 규범에 맞지 않는 행동, 사실상 김정은의 권력유지에 방해가 되는 요소를 뿌리 뽑기 위해 제정한 법이다. 청년교양보장법은 2021년 9월 시군의 기관을

이상에서 살펴본 바와 같이 김정은의 메시지와 정책을 살펴보면 그는 사회주의, 공산주의, 실리주의, 독재주의, 극단/공포주의의 성향을 가지고 있는 것으로 분석할 수 있다. 김정은의 주요 메시지와 시행한 정책을 통해 정치지도자의 성향을 분석한 결과는 〈표 6-3〉과 같다.

김정은의 성향인 사회주의, 공산주의, 실리주의, 독재주의, 극단/공포주의의 성향은 본 연구에서 분류한 성향 중 각종 회담 등을 통해 실리를 추구하는 타협이 가능한 중도성향과 1인 독재 수령으로서의 강경/비합리적 성향을 함께 가지고 있는 것으로 분류할 수 있다.

〈표 6-3〉 메시지와 정책을 통해 분석한 김정은의 성향

주요 메시지	주요 정책	성 향
- 2013년 신년사 · 우주를 정복한 그 정신으로 경제강국 건설하자 - 2013년 노동당중앙위 · 경제건설 및 핵무력 병진노선 천명 - 2014년 신년사 · 투쟁구호 제시, 경제분야 제시로 농업을 주타격방향으로 선정 - 2014년 사생일꾼대회 · 조선혁명 완수 위해 적들과 총결사전 벌이자 - 2015년 열병식 · 미제와 어떤 형태의 전쟁도 가능	- 2012년 · 정적인 리영호 숙청 · 경제개혁 조치로 사회주의 기업책임 관리제 시범실시 · 농업개혁 시범적 추진 - 2013년 · 북남 불가침 합의 폐기 · 판문점 북남 직통전화 단절 · 협동화폐제 실시, 금융개혁 · 고모부인 장성택 숙청 - 2014년 · 사회주의 기업책임 관리제 도입 · 군수산업 독립채산제 실시 - 2015년 · 현영철 공개 처형 · DMZ 내 지뢰 도발	사회주의 공산주의

동원해서 청년들을 교양하는 법으로 추정된다. 나무위키, "북한/문화 검열", https//www.namu.wiki/ 검색일 2022. 8. 2.

주요 메시지	주요 정책	성 향
- 2016년 노동당 7차대회 · 경제개혁조치로 우리식 경제관리 방법 공식화 · 국가경제발전 5개년 전략 - 2018년 신년사 · 긴장완화를 위한 민족 화해와 통일 논의 · 남북관계 개선 노력 - 2018년 남북회담 · 한반도의 비핵화와 한반도의 항구적인 평화체제 · 군사공동위원회 가동 - 2018~2019년 북미회담 · 북미 양국 간의 포괄적인 공약 체결 · 경제제재조치 중단 희망 - 2021년 노동당 8차대회 · 핵전쟁 억제력 강화 및 최강의 군사력 강조 - 2022년 인민군창건 90주년 · 대남, 대미 선제 핵공격 가능성 시사 - 2022년 당중앙군사위원회 · 전술핵 전방배치 시사 - 2022년 전승절 69주년 · 위험한 시도는 강력한 힘에 의해 응징, 윤석열 정권과 그의 군대는 전멸될 것 - 2022년 최고인민회의(9.8) · 핵무력 정책 법령 채택 · 5가지 핵무기 사용조건 명시	· 준 전시상태 선포 - 2016년 · 우리식 경제관리 방법 처음으로 공식화 · 기업에게 경영권을 활용하도록 보장 - 2017년 · 탄도미사일 시험발사, 6차 핵실험 - 2018년 · 대남화해와 협력을 위한 가능성 신년사 반영 · 남북정상회담, 북미정상회담 실시 · 사회주의 기업책임 관리제헌법 수록 - 2019년 · 북미정상회담 실시 · 다련장 로켓발사 - 2020년 · 남북공동연락사무소 폭파 · 남북 간 모든 연락채널 차단 - 2021년 · 공장기업소에 우리식의 경제관리 방법 정상화 지시 · 반동사상 문화배격법 채택 · 청년교양보장법 통과 - 2022년 · 핵무력 정책 법령 채택	실리주의 독재주의 극단/ 공포주의

※ 이 표는 이상근, "김정은 리더십과 북한의 대외정책"; 김규륜, "김정은 시대 북한경제의 현황과 전망"을 참고하여 작성하였음.

2. 김정은의 핵 관련 정책

김정은이 정권을 획득하면서 우선적으로 고려한 것은 선군경제를 핵개발과 경제개발 병진노선으로 변경한 것이다. 이 노선은 이미 핵무기를 보유하고 있어 억지능력을 갖추었기 때문에 완성된 핵 억지력으로 국방 분야를 묶어놓고, 경제적인 역량을 일반 경제 부문에 투입한다는 것이다.[90] 이를 위해 김정은은 병진노선 실천을 위한 조치를 추진하는데, 이는 핵무기의 개발과 이를 투발할 수 있는 수단을 개발하는 데 그 목표가 있다.

김정은 정권의 정책은 대남정책과 대미정책 위주로 살펴보겠다. 먼저 대남정책에서 그는 2018년 대외관계의 개선의지를 명료하게 드러냈다. 그가 전략노선의 유연화 방향으로 전략적 선택을 하게 된 배경에는 새로 등장한 남한의 문재인 정부의 대북 태도가 이전 정권과는 다른 적잖은 변화 때문이라고 할 수 있다. 이러한 남한 정부의 등장은 스스로 심리적 안전감을 느낄 수 있는 정도의 핵 전력화 성공 이후 대외협상 국면을 조성하기 위한 '병진노선의 유연화'를 선택할 수 있는 매우 중요한 새로운 안보환경 인식의 배경요인으로 작용했던 셈이다.[91]

대미정책은 트럼프와 바이든 시기로 구분하여 살펴볼 수 있다. 그는 트럼프 행정부의 등장이 협상을 통해 실리추구가 가능하다고 전략적으로 판단하였고, 대미관계 개선과 대북제재 해제 등을 위해 2차례의

---

90 장광열 · 이성권 · 김성훈, "전략환경 변화에 따른 북한의 대내외 정책연구: 김정은 정권과 핵무력을 중심으로", 국회사무처 연구용역보고서(2018), p. 123.

91 김연수, "김정은 체제하 북한의 안보정책 진단: 위협인식과 대응을 중심으로", 『북한연구학회보』 제24권 2호(2020), p. 121.

북미정상회담에 참가하게 되었다. 그러나 이 두 회담은 별 소득 없이 결렬되었고 이제 바이든 행정부와 새로운 대미정책을 추진해야만 한다.[92] 2021년 5월 21일 한미정상회담에서 문재인과 바이든은 한반도의 완전한 비핵화와 북한의 인권문제 등을 주요 내용으로 하는 대북정책 공조방향에 합의하였다.[93] 김정은은 바이든 행정부와 상대하기 위해 최선의 대미정책을 수립하여 대응할 것으로 판단되며, 그의 성향상 바이든 행정부와 협상의 가능성과 위기로 치달을 가능성을 함께 고려해야 한다.

---

92 Sangsoo Lee, "U.S North Korea Denuclearization Negotiations: An Irresolvable Issue?", *FOCUS ASIA* (Jun, 2020), p. 3.

93 이승현 · 이승열 · 김도희, "바이든 정부의 대북정책과 평화프로세스 전망", 국회입법조사처 『NARS 현안분석』(2021. 8. 6), p. 1.

제7절 비핵화 유형 적용방안

북한에 대해 독립변수인 안보환경, 국제규범, 국내정치와 조절변수인 정치지도자의 성향으로 살펴본 결과는 다음과 같다.

첫 번째, 안보환경 중 국제관계는 미국과 국제사회의 대북제재가 지속 유지되는 가운데 국제관계를 우호적으로 전환하기 위한 김정은의 시도가 있었다. 그러나 북미정상회담의 결렬과 새로운 행정부의 출범으로 인해 매우 불투명한 상태가 되었으며 현재 국제관계는 비우호적인 상태가 지속되고 있다고 하겠다. 한편 북한은 미국의 압도적인 군사력에 의한 정권유지와 체제안정을 위해 핵개발을 추진한 만큼 한미동맹에 의한 군사적 위협은 매우 강한 위협으로 느끼게 될 것이라는 것을 알 수 있다. 종합적으로 안보환경은 매우 비우호적인 상태임을 알 수 있다.

두 번째, 국제규범 중 비핵화 레짐 분야로 북한은 지금까지 핵무기를 개발하면서 국제사회의 비핵화 레짐에 영향을 받아왔고 이를 교묘히 이용하여 핵무기를 개발하여 왔다. 또한 미국과의 지속적인 협상을 시도하는 상황을 보면 국제사회 참가 의지가 매우 높다고 할 수 있다. 북한의 비핵화에 국제사회의 대북제재와 보상의 영향은 매우 크다고 할 수 있다. 대북제재로 인해 경제발전이 진척되지 않고 있음을 수뇌부도 인식하고 있으며 보상 문제는 비핵화를 위한 협상 시 중요한 옵션으로 작용할 수 있다고 하겠다. 종합적으로 국제규범의 영향은 매우 크다고 할 수 있다.

세 번째, 국내정치 중 정권유지 분야는 김정은은 집권 후 11년 동안 정권유지를 위해 핵무기 개발을 가속화하고, 핵보유 국가를 선언하는 등 철저하게 정권유지에 이용하고 있다고 할 수 있다. 반면 그가 비핵화를 결심하게 되는 주요 요인에도 자신들의 정권유지가 영향을 미칠 것이다. 체제안정 분야로 북한은 사회주의 국가체제 몰락이라는 외부 환경과 사회주의 경제체제의 본질적 비효율성으로 인해 경제가 안정되지 않고 있다. 이에 추가하여 핵무기 개발로 인한 국제사회의 제재로 경제가 심각한 불안정 상태가 될 가능성이 높다고 할 수 있다. 북한 경제의 불안은 체제안정에 영향을 미칠 것임을 알 수 있다. 종합적으로 국내정치의 영향이 크다는 것을 알 수 있다. 다만 북한의 현재 상황을 살펴보면 김정은은 정권유지를 위해 핵보유국의 지위 공표, 핵무력을 법령에 반영, 선제 핵공격을 시사하는 등 핵을 절대 쉽게 포기하지 않을 것이라는 것을 알 수 있다. 따라서 정권유지와 체제안정의 국내정치적 이유를 북한의 비핵화 동기에 적용하기 위해서는 신중한 접근이 필요할 것으로 보인다.

김정은의 성향을 종합해 보면 사회주의, 공산주의, 실리주의, 독재주의, 극단/공포주의 성향으로 볼 수 있다. 이중 회담 등을 통해 실리를 찾으려고 하는 타협이 가능한 중도 성향과 1인 독재 수령으로서의 극단적인 공포정치의 강경/비합리적 성향을 함께 가지고 있는 것으로 평가할 수 있다.

지금까지 3개의 독립변수와 1개의 조절변수로 살펴본 북한에 적용 가능한 비핵화 유형은 타협형 비핵화와 강제형 비핵화 2가지로 분류할 수 있다.

타협형 비핵화를 유도하기 위한 정책적 함의는 다음과 같다.

북한은 이미 핵무기 개발 와중에도 타협을 위한 협상에 자주 나섰지만 제대로 협상이 이루어진 적은 거의 없었다. 그 이유는 핵무기 개발을 지속하면서 국제사회와의 약속을 이행하지 않았기 때문이라고 할 수 있다. 타협형 비핵화를 유도하기 위해서는 먼저 3가지 독립변수와 1개의 조절변수가 협상의 조건을 갖추도록 해야 한다.

우선 안보환경으로 핵무기를 개발하고 도발하고 있는 북한에 대해 비핵화 조치가 가시화될 때까지 한 · 미 간 확장억제력 등 상시 대비태세를 실효성 있게 진행해야 하며, 북한을 협상테이블에 앉도록 하기 위해 담대한 구상 등을 지속 추진해야 한다. 이때에는 중재국가로서의 중국의 역할을 적극적으로 활용할 수 있는 방안을 모색해야 한다. 국제규범은 NPT 가입을 지속적으로 촉구하여 가입을 유도하고 현재 시행하고 있는 대북제재는 더 강력하게 유지될 수 있도록 해야 한다. 다만 협상에 참여 시에는 보상도 획기적으로 준비하여 협상 참여에 따른 인센티브를 제공할 수 있도록 해야 한다. 국내정치에서 정권유지와 체제안정은 북한에게 매우 중요한 영향을 미치므로 협상 시 정권유지와 체제안정을 보장하는 방안을 제시하는 것이 필요하다. 그리고 김정은의 리더십 성향상 실리가 있다면 협상테이블에 앉을 가능성이 높으므로 그가 협상을 선택할 수 있도록 채찍과 당근책을 철저하고 세밀하게 준비해야 한다.

강제형 비핵화를 유도하기 위한 정책적 함의는 다음과 같다.

북한을 리비아와 같은 강제형 비핵화로 가기 위해서는 타협형 비핵화와의 차별점을 살펴보아야 한다. 타협형 비핵화는 스스로 협상테이블에 나오도록 유도하는 것이라면 강제형 비핵화는 외부의 힘에 의해 강제적으로 비핵화를 선언하고 핵무기를 포기하도록 만드는 것이다. 타협형 비핵화와 강제형 비핵화의 차이점은 안보환경 중 군사적 위협이 매우 커서 심각한 영향을 받아야 하고 국제사회의 제재 강도도 매우 커야 하며 정권유지와 체제안정이 불가능할 것이라는 신호를 주어야 한다. 또한 김정은이 협상보다는 강경하고 비합리적인 정책을 계속해서 추진하게 될 때이다.

좀 더 세부적으로 살펴보면 우선 안보환경 중 군사적 위협은 북한에게 치명적인 영향을 줄 수 있을 정도로 강력하게 보여주어야 한다. 특히, 실효성 있는 확장억제전략 추진과 함께 한미동맹에 의해 강화된 연합훈련 디자인, 미군 첨단전력의 한반도 주기적 전개, 한국형 3축체계 고도화 등을 지속적으로 시행하여 군사적으로 강하게 압박해야 한다. 국제규범 중 대북제재는 현재의 제재가 효과가 있는 만큼 더욱 강력한 대북제재를 추진해야 한다. 제재가 제대로 효과를 보기 위해서 가장 고려해야 하는 사항은 중국이 적극 동참하도록 미국과 국제사회가 압력을 가하는 것이다. 그래야만 대북제재가 효과를 가져올 수 있다. 국내정치 중 정권유지와 체제안정은 김정은이 가장 중요하게 생각하는 것일 것이다. 비핵화를 추진하지 않을 시에는 정권이 교체될 수 있다는 신호를 보여줌으로써 비핵화를 선택할 수 있도록 해야 한다. 그리고 김정은은 1인 독재를 유지하기 위해, 계속해서 핵무기를 보유하는 강경/비합리적 리더십을 견지할 것이다.

최근 북한의 상황을 보면 외교적 해법이나 협상에 의한 타협형 비핵화보다는 강대강의 원칙으로 긴장국면이 유지될 수밖에 없는 강제형 비핵화로 유도해야 할 가능성이 커지고 있는 것이 현실이다. 특히, 김정은은 러시아와 우크라이나의 전쟁사례에서 교훈을 얻었기 때문에 쉽게 핵을 포기하는 비핵화를 선택하지 않을 것이며, 러시아가 우크라이나를 대상으로 한 핵전쟁 위협 등을 자신이 미국 및 국제사회, 대한민국을 상대로한 핵전쟁 위협으로 벤치마킹 할 수 있다는 생각을 가질 확률이 더욱더 커지고 있다. 그러나 북한을 상대로한 강제형 비핵화의 추진은 자칫 위기상황이 고조될 시 최악의 상황에 한반도 전쟁 등을 초래할 수 있는 가능성이 있기 때문에 타협형 비핵화를 유도하는 데 외교적 · 정책적 노력을 우선해야 할 것이다.

제7장
결 론

지금까지 핵포기 이론을 통해 도출된 핵심변수들을 가지고 이론적 분석틀을 작성하였다. 그리고 이를 핵을 포기한 각 국가의 사례분석에 적용하여 3가지 비핵화 유형을 검증하였다. 추가적으로 분석틀을 활용하여 북한에 적용 가능한 비핵화 유형을 선정하고 마지막으로 정책적 함의를 제시하였다.

연구의 주요 결과를 다시 간략히 요약 제시해보면 다음과 같다.

우선 핵포기 이론에서 제시한 4가지 모델에서 핵심변수를 도출하였다. 먼저 독립변수는 안보환경, 국제규범, 국내정치 등 3가지이다. 그리고 종속변수는 비핵화 유형으로 독립변수와 조절변수의 상관관계를 통해 화합형 비핵화, 타협형 비핵화, 강제형 비핵화를 제시하였다.

화합형 비핵화는 국제관계가 우호적이고, 군사적 위협이 약해져서 전반적인 안보환경이 우호적으로 변하고, 비핵화 레짐인 NPT 등에 가입을 통한 국제사회 참가의지와 국제제재에 대한 탈피와 보상에 대한 기대가 크고, 정권유지와 체제안정이라는 국내정치적 영향이 클 때 온건하고 합리적인 정치지도자의 성향과 결합되면 화합형 비핵화로 갈 가능성이 높다.

타협형 비핵화는 국제관계가 비우호적이고 군사적 위협이 커서 전반적인 안보환경이 비우호적으로 변하고, 비핵화 레짐인 NPT 가입 등 국제사회 참가 의지와 국제제재에 대한 탈피와 보상에 대한 기대가 크며, 정권유지와 체제안정이라는 국내정치적 영향이 클 때 중도형 정치지도자의 성향과 결합되면 타협형 비핵화로 갈 가능성이 높다.

강제형 비핵화는 국제관계가 비우호적이고, 군사적 위협이 매우 커서 전반적인 안보환경이 비우호적이고, 비핵화 레짐인 NPT 가입 등을 통한 국제사회 참가 의지와 국제제재에 대한 탈피와 보상에 대한 기대가 매우 크며, 정권유지와 체제안정이라는 국내정치적 영향이 클 때 강경/비합리적 정치지도자의 성향과 결합되면 강제형 비핵화로 갈 가능성이 높다.

비핵화 유형 3가지를 비교, 분석해보면 화합형 비핵화는 안보환경이 우호적이고 국제규범의 영향과 국내정치의 영향이 클 때 온건/합리적 리더십과 만날 경우에 해당되므로 타협형 및 강제형 비핵화와 차별된다고 할 수 있다. 타협형 비핵화와 강제형 비핵화의 차이점은 정치지도자의 성향이 타협이 가능한 중도 성향이냐 타협이 불가한 강경/비합리적 성향이냐의 차이가 가장 크며, 강제형 비핵화는 타협형 비핵화에 비해 군사적 위협, 제재와 보상의 영향, 정권유지와 체제안정의 영향이 매우 크다는 것을 알 수 있었다. 그리고 각각의 비핵화 유형은 특히, 조절변수인 정치지도자의 성향이 크게 영향을 미친다는 것을 알 수 있다.

핵포기 국가 사례연구 및 검증결과는 다음과 같다.

사례연구는 남아공, 이란, 리비아 3개국을 대상으로 하였고 남아공은 화합형 비핵화, 이란은 타협형 비핵화, 리비아는 강제형 비핵화의 사례로 제시하였고 이론적 분석틀에 의해 검증하였다.

남아공 사례는 화합형 비핵화 사례이다. 남아공의 비핵화 유형을 종합적으로 평가해보면 안보환경이 우호적이고, 국제규범에 대한 영향이 컸으며 국내정치의 영향도 큰 상태에서 온건/합리적인 정치지도자의 성향과 결합된 화합형 비핵화 유형임을 검증하였다.

이란 사례는 타협형 비핵화 사례이다. 이란의 비핵화 유형을 종합적으로 평가해보면 안보환경이 비우호적이고, 국제규범에 대한 영향이 컸으며 국내정치의 영향도 큰 상태에서 중도 성향의 정치지도자와 결합된 타협형 비핵화 유형임을 검증하였다.

리비아 사례는 강제형 비핵화 사례이다. 리비아의 비핵화 유형을 종합적으로 평가해보면 안보환경이 비우호적이고, 국제규범에 대한 영향이 컸으며 국내정치의 영향도 큰 상태에서 강경/비합리적 성향의 정치지도자와 결합된 강제형 비핵화 유형임을 검증하였다.

마지막으로 북한에 적용 가능한 비핵화 유형 및 정책적 함의는 다음과 같다.

북한의 사례는 타협형과 강제형 비핵화 유형 2가지를 적용할 수 있었다. 그 이유는 북한의 비핵화 유형을 종합적으로 평가해보면 안보환경이 비우호적이고, 국제규범에 대한 영향이 크며 국내정치의 영향도 큰 상태에서 김정은의 정치성향이 타협 가능한 중도성향과 극단적이고 폭력적인 강경/비합리적 성향을 함께 가지고 있는 것으로 평가할 수 있기 때문이다.

북한에게 2가지 비핵화 유형을 유도하기 위한 정책적 함의로 먼저 북한에게 타협형 비핵화를 유도하기 위해서는 우선 안보환경으로 핵무기를 개발하고 도발하고 있는 북한에 대해 비핵화 조치가 가시화 될 때까지 한 · 미간 확장억제력 등 상시 대비태세를 실효성 있게 진행해야 하며 북한을 협상테이블에 앉도록 하기 위해 담대한 구상 등을 지속 추진해야 한다. 이때 중재국가로서의 중국의 역할을 적극적으로 활용할 수 있는 방안을 함께 모색해야 한다. 국제규범은 NPT 가입을 지속적으로 촉구하여 가입을 유도하고 현재 시행하고 있는 대북제재는 더 강력하게 유지될 수 있도록 해야겠다. 추가적으로 협상에 참여시 보상도 획기적으로 준비하여 협상 참여에 따른 인센티브를 제공할 수 있도록 해야 한다. 국내정치에서 정권유지와 체제안정은 북한에게 매우 중요한 영향을 미치므로 협상 시 정권유지와 체제안정을 보장하는 방안을 제시하는 것이 필요하다. 그리고 김정은의 리더십 성향상 실리가 있다면 협상 테이블에 앉을 가능성이 높으므로 그가 협상을 선택할 수 있도록 채찍과 당근책을 철저하고 세밀하게 준비해야 한다. 다음으로 강제형 비핵화를 유도하기 위해서는 우선 안보환경 중 군사적 위협은 북한에게 치명적인 영향을 줄 수 있을 정도로 강력하게 보여주어야 한다. 특히, 실효성있는 확장억제전략 추진과 함께 한미동맹에 의한 강화된 대규모 연합훈련 디자인과 미군 첨단전력의 주기적인 한반도 전개, 한국형 3축체계의 고도화 등을 지속적으로 시행하여 군사적으로 강하게 압박해야 한다. 국제규범 중 대북제재는 현재의 제재가 효과가 있는 만큼 더 강력한 국제사회의 대북제재를 추진해야 한다. 대북제재가 제대로 효과를 보기 위해서 가장 고려해야 하는 사항은 중국이 제재에 적극 동참하도록 미국과 국제사회가 압력을 가하는 것이다. 국내정치 중 정권유지와 체제안정은 김정은이 가장 중요하게 생각하는 것 중 하나로서 비핵화를 추진하지 않을 시에는 정권교체되어 체제안정이 불가능할 수도 있다는 신호를 보여줌으로써 비핵화를 선택할 수 있도록 해야 한다. 그리고 김정은은 강경/비합리적 성향으로 핵무기를 계속 보유할 가능성이 높기 때문에 강제형 비핵화로 갈 수 있는 조건들이 충족되는 것이라고 할 수 있다.

최근 북한의 상황을 보면 외교적 해법이나 협상에 의한 타협형 비핵화보다는 강대강의 원칙으로 긴장국면이 유지될 수밖에 없는 강제형 비핵화로 유도해야 할 가능성이 커지고 있는 것이 현실이다. 그러나 북한을 상대로한 강제형 비핵화의 추진은 자칫 위기상황이 고조될 시 최악의 상황에 한반도 전쟁 등을 초래할 수 있는 가능성이 있기 때문에 타협형 비핵화로 유도하는 데 외교적, 정책적 노력을 우선해야 할 것이다.

본 연구의 의의는 핵포기 이론을 바탕으로 독립변수와 조절변수를 도출하고 이들의 상관관계를 설정하여 종속변수인 비핵화 유형 3가지를 제시한 최초의 연구라고 할 수 있다. 특히 기존의 연구가 북한의 비핵화를 위한 사례연구를 통해 협상 및 보상방법, 정책적 과제 등을 제시한 것에 비해, 이론적 분석틀을 기초로 비핵화 유형을 제시하였고 이를 기존에 핵을 포기한 국가의 사례에 적용하여 검증하였으며, 궁극적으로는 북한에 적용 가능한 비핵화 유형과 정책적 함의를 제시한 것에 큰 의의가 있다.

국민일보에 따르면 김정은은 2022년 7월 27일 전승절 69주년 기념 연설에서 윤석열 정부를 향해 처음으로 직접 강경한 입장을 밝혔다.[1]

> "위험한 시도는 즉시 강력한 힘에 의해 응징될 것이며 윤석열 정권과 그의 군대는 전멸될 것"이라고 하면서 "지금 우리 무장력은 그 어떤 위기에도 대응할 철저한 준비가 되어 있으며 우리 국가의 핵전쟁 억제력 또한 절대적인 자기의 힘을 자기의 사명에 충실히, 정확히, 신속히 동원할 만전태세에 있다"고 하였다. 또 미국을 향해서도 "조선민주주의인민공화국은 미국과의 그 어떤 군사적 충돌에도 대처할 준비가 돼 있다는 것을 다시금 확인한다"고 하였다.

이처럼 현재의 안보상황이 매우 위중한 가운데 윤석열 정부가 국정기조로 북한의 비핵화를 강조하는 것은 비핵화가 우리에게는 반드시 필요한 최우선 과제로서 매우 중요하기 때문이다. 따라서 본 연구결과는 향후 대북정책 수립 시에도 논리적인 정책 자료로 활용이 가능할 것

1 구자창, "김정은 "위험한 시도하면 정권 · 군대 전멸"… 윤정부 첫 협박", 『국민일보』 (2022. 7. 28일자).

으로 생각된다.

향후에는 타협형 비핵화와 강제형 비핵화의 차이점을 구체적으로 설명하기 위해 일부 변수인 군사적 위협, 제재와 보상, 국내정치 영향의 강도에 대한 비교연구가 필요하다고 생각된다. 또한 북한의 비핵화 유형 적용을 위해 제시한 정책적 함의들을 보다 구체적이고 세부적인 과제로 발전시키는 정책적, 학술적 연구가 필요할 것으로 판단된다.

참고문헌

1. 국내 단행본

국방부(2021). 『2020년 국방백서』. 서울: 국방부.

백진현(2010). 『핵비확산 체제의 위기와 한국』. 서울: 오름.

전봉근(2020). 『비핵화의 정치』. 서울: 명인문화사.

조동준(2008). 『북핵 문제와 한반도 평화정착』. 서울: 한울아카데미.

2. 국내 학술논문 및 연구보고서

김강녕(2010). "북한의 핵개발 전력과 우리의 대응". 『통일전략』 제10권 3호.

김규륜(2018). "김정은 시대 북한경제의 현황과 전망". 『신아세아』 제25권 1호.

김근식(2019). "비핵화 모델의 사례와 교훈: 문재인 정부의 코리아 모델은 성공 가능한가?". 『한국과 국제정치』 제35권 1호.

김근식 · 서보혁(2007). "대북 포용정책과 강경정책의 효과에 관한 비교연구: 1, 2차 북핵 위기를 사례로". 『통일정책연구』 제16권 1호.

김보미(2022). "4.25 열병식 이후 북한의 핵 독트린 변화 가능성 진단". 『INSS』 제355호.

______(2022). "북한 당중앙군사위원회 제8기 3차 확대회의 결과와 의미". 『INSS』 제368호.

김연수(2018). "미북 정상회담의 결과와 북한의 대외전략 전망". 『월간 KIMA』.

______(2020). "김정은 체제하 북한의 안보정책 진단: 위협인식과 대응을 중심으로". 『북한연구학회보』 제24권 2호.

김영준(2019). "왜 북한은 우크라이나랑 다른가? 우크라이나 핵폐기 과정 분석과 북한식 CTR 모델 연구". 『세계지역연구논총』 제37집 4호.

김영철(1993). "세계의 분쟁지역: 남아프리카공화국, 흑 · 백 공존의 길을 찾아서". 『통일한국』 제11권 11호.

김일수(2019). "트럼프 행정부의 대 이란 정책: 쟁점 및 전망". 『정치정보연구』 제22권 1호.

김종선(2010). “북한의 비핵화 프로그램 전략을 위한 구소련의 사례연구”. 『북한연구학회보』 제14권 1호.

김종수 · 김상범(2021). “북한 김정은 시대 위기와 대응: ‘인간의 얼굴을 한 수령’과 ‘인민대중제일주의’의 소환 · 발전”. 『국가안보와 전략』 제21권 1호.

김진무(2019). “한반도 비핵 · 평화의 길: 북한의 협상 수용배경과 한국의 전략”. 『세종연구소』.

문용일(2020). “남아프리카공화국의 핵규범 외교: 비핵화 공표와 아프리카 비핵지대 조약을 중심으로”. 『평화연구 논집』 제28권 1호.

박병인 · 이수훈(2013). “글로벌 핵비확산레짐과 구소련 3국 핵포기 촉진요인 연구”. 『유라시아 연구』 제109권 3호.

박재완(2021). “북한대량살상무기 폐기를 위한 협력적 위협감소프로그램 적용방안”. 『한국과 국제사회』 제5권 2호.

박휘락(2019). “협상이론에 의한 미북 하노이 회담의 분석과 함의”. 『아태연구』 제26권 3호.

_____(2022). “북한의 ‘핵무력 정책법’ 법안 공표의 의미와 대응방향”. 『2022 북핵대응연구회 세미나』.

박희정(1993). “남아프리카공화국: 아프리카 대륙에서 유일한 백인의 정치적 지배”. 『한국아프리카학회지』 제6집.

백봉종(1993). “북한의 NPT 탈퇴와 주변 4강”. 『통일논총』 제6집.

서상현(2007). “핵무기 폐기의 이론적 접근: 남아공 사례를 중심으로”. 『아프리카학회지』 제26집.

세종연구소(2018). 『정책브리핑』.

송대성 · 엄상윤 · 문순보(2014). “북핵문제: 국제관계와 비핵화 방안”. 『세종연구총서』.

신범철(2019). “대북제재 메커니즘의 이해”. 『한국법제연구원』.

오혜진(2020). “핵비확산 NPT 발효 50주년을 돌아본다”. 『핵비확산 뉴스레터』 Vol. 70.

이무철(2016). “김정은의 공포정치와 통치 리더십”. 『통일부 통일교육원』.

이상근(2017). “김정은 리더십과 북한의 대외정책”. 『한국과 국제정치』 제33권 4호.

이상근 · 임수호(2021). “2021년의 북한 어떻게 볼 것인가?: 또다시 선택된 자력갱생이 드리운 그림자”. 『이슈브리프』 통권 제237호.

이석수(2019). “핵폐기 정보의 역할: 리비아 사례”. 『국방연구』 제62권 2호.

이승렬 · 이승현(2021). “북한 노동당 8차 대회의 주요 내용과 시사점”. 『국회입법조사처』.

이승현 · 이승열 · 김도희(2021). “바이든 정부의 대북정책과 평화프로세스 전망”. 『NARS 현안분석』.

이지수(2011). "북한의 특수성: 설명요인과 그 함의". 『북한경제리뷰』.

이창형 · 박대광 · 김성걸(2020). "한반도 비핵화 및 평화체제를 위한 한중 협력방안 연구". 『KIDA Brief』.

이홍석(2020). "북한체제 내구성에 관한 연구: 수령제의 제도화를 중심으로". 『통일연구』 제24권 1호.

이춘근(2012). "미국의 신국방전략 지침 해설". 『KERI 국제정세』.

임수호(2019). "하노이 북미정상회담 결렬과 향후 전망". 『나라경제』 제21권 3호.

_____(2021). "8차 당대회 이후 북한의 경제전략 기조와 시사점". 『INSS 전략보고』.

장광열 · 이성권 · 김성훈(2018). "전략환경 변화에 따른 북한의 대내외 정책연구: 김정은 정권과 핵무력을 중심으로". 『국회사무처 연구용역보고서』.

정상혁(2018). "국내정치 엘리트와 비핵화 선택에 관한 연구: 남아공, 리비아 사례와 북한에의 적용". 『군사논단』 제96권.

정영태(2004). "북한의 핵폐기 가능성과 북미관계". 『통일연구원』.

장성욱(2005). "남아프리카공화국의 핵무기 개발 및 해체사례 연구". 『동아시아 연구』 제11호.

전봉근(2015). "'로잔' 이란 핵 잠정합의와 외교안보적 함의". 『외교안보연구소 주요 국제문제 분석』.

정성윤(2016). "북한 핵개발 고도화의 파급영향과 대응방향". 『통일연구원 연구총서』.

정성임 · 노태훈 · 박뿌리 · 한정헌(2015). "핵협상과 북핵문제: 이란, 파키스탄, 인도사례와의 비교". 『통일연구』 제19권 1호.

정성임 · 강성철 · 노태훈 · 박뿌리 · 한정헌(2016). "핵협상 조건과 북핵 협상의 재검토". 『국가전략』 제22권 1호.

정은숙(2010). "글로벌 핵비확산레짐 50년: NPT 평가회의의 성과와 한계". 『세종정책연구』.

정재홍(2019). "한반도 평화체계 구축: 중국의 인식과 입장". 『세종연구총서』.

정형곤 · 방호경(2011). "국제사회의 대북경제제재 유효성 분석". 『동북아경제연구』 제23권 2호.

제임스김 · 강충구 · 함건희(2021). "한국인의 외교안보 인식: 2010~2020년 아산연례조사결과". 『아산리포트』.

조동준(2007). "리비아의 비핵화 선택 연구". 『북핵 문제와 한반도 평화체계-제17차 세종국가전략포럼 자료집』.

조순구(2005). "핵무기 해체사례와 북한 핵의 평화적 관리방안". 『국제정치논총』 제45권 3호.

채규철(2009). "핵문제의 해법: 기존 모델과 북한의 사례 비교". 『한국정치외교사 논총』 제30권 2호.

최관규(2009). "협력적 위협감소프로그램의 북한 적용방안". 『통일연구』 제13권 2호.

하대성(2016). "북한 핵위기에 대한 한국과 미국의 대응전략 고찰: 북한의 NPT 탈퇴시점을 중심으로". 『대한정치학회보』 제24집 2호.

한종훈(2012). "관료정치모델에 기초한 이란 핵개발 동기에 대한 연구". 『글로벌정치연구』 제5권 1호.

함형필(2021). "북한의 핵전략 변화 고찰: 전술핵 개발의 전략적 함의". 『국방정책연구』 제13권 3호.

홍민 · 방영자 · 오경섭 · 홍제환, "2018년 김정은 신년사 분석과 정세전망". 『KINU Insight』 No. 1.

홍성후(2010). "북한의 2차 핵실험과 핵개발 의도". 『한국 동북아논총』 제55집.

홍제환(2017). "김정은 정권 5년의 북한경제: 경제정책을 중심으로". 『통일연구원』.

_____(2020). "코로나 19 충격과 북한경제". 『Online Series』 co 20-18.

황치환(2012). "핵포기 모델의 재검토: 남아프리카공화국, 우크라이나, 리비아 사례를 통해 본 북핵 포기의 가능성과 한계". 『세계지역 연구논총』 제30집 30호.

3. 국외 학술논문

Ahmed Yusef Ben Aessa (2014). "Libyan foreign policy: A Study of Policy Shift in Libya's Nuclear Program." Doctor of Philosophy, University of Glassow.

Alireza Nadler (2013). "Rouhani's Election: Regime Retrenchment in the Face of Pressure." *RAND Office of External Affairs*.

Alison Pargeter (2012). "Rise and Fall of Quaddafi." Yale and London: Yale University Press.

Anjali Baltacharjee · Sammy Salama (2003). "Libya's statement Announcion Weapons Abandonment Text." Fact on File World News Digest.

Ariel Alexia Petrovics (2019). "Inducing Nuclear Reversal: Foreign Policy Effectiveness and Deproliferation." Doctor of Philosophy, University of California Davis.

Brenda Schaffer (2003). "Iran at the Nuclear Threshold." *Arms Control Today*, Washington, D.C, Arms Control Association.

Bruce W. Bennett (2010). "Uncertainties in the North Korean Nuclear Threat." RAND Corporation.

Bruce W. Bennett · Choi Kang · Go Myong Hyun · Bruce E. Bechtol, Jr · Park Jiyoung · Bruce Klingner · Cha Duhyeon (2021). "Countering the Risk of North Korean Nuclear Weapon." RAND Corporation, National Security Research Division, April.

Bruce W. Jentleson · Christopher A. Whytock (2006). "Who Won Libya?: The Force Diplomacy Debate and Its Implication for theory and policy." *International Security*, Vol. 30, No. 3.

Cho Sang-Hun (2007). "2 Korea Reach Accord But Skirt Nuclear Program: Summit Ends with Call for Peace Treaty." *International Herald Tribune*.

Cho Sung Ju (2009). "From Proliferation to Renunciation: Why Some States Give Up Nuclear Ambitions While Others Do Not." Doctor of Philosophy, University of Virginia.

Chris Quillen (2002). "Iranian Nuclear Weapon Policy: Past, Present and Possible Future." *Middle East Review of International Affairs*, Vol. 6, No 2.

David R. Jalilvand · Achim Vogt (2021). "Radicalization During the Rouhani's Year: Iran's Political and their Implications." *FRIEDRICH EBERT STIFTUNG*.

David Singer (1961). "The Level of Analysis Problem in International Relations." *World Politics*, Vol. 14, No. 1.

De J. W. Villers · Roger Jardine · Mitchell Reiss (1993). "Why South Africa Gave Up the Bomb." *foreign Affairs*, Vol. 72.

De Klerk, F. W. (1999). "Last Trek-a New Beginning: the Biography." New York: St. Martin's.

Department of Public Information (2013). "Security Council Strengthens Sanctions on Democratic People's Republic of Korea, In Response to February Nuclear Test." United Nation.

Dirk Vandewalle (1994). "The Failure of Liberalization in the Jamabuyya in Quaddafi's Libya."

Dr. Patricia Lewis (2009). "North Korea Conducts Nuclear Test." *James Martin Center for Nonproliferation Studies*.

Eugine Gerzhoy (2014). "Coercive Nonproliferation: Security, Leverage, and Nuclear Reversals." Doctor of Philosophy, The University of Chicago.

Federation of American Scientist (2002). "CIA Estimation on North Korea's Nuclear Program Provide to congress on."

Ferial Ara Saeed · James J. Przystup (2011). "Korean Futures: Challenge to US Diplomacy of North Korean Regime Collapse."

Frank V. Pabian (1995). "The south African Nuclear Weapon Program: Lessons for U.S. Non-Proliferation Policy." *The Non-Proliferation Review*, Monerery Institute of International Studies.

Gary Samore (2003). "Future of the Nuclear Nonproliferation Regime, Brussels." *International Institute for Strategic Studies, European Security Forum*.

Gawdat Bahgat (2006). "Proliferation of Weapons of Mass Destruction: The Case of Libya." *International Relations*, Vol. 22.

Geoffere E. Forden (2018). "Lessons from past Nuclear Disarmament: What Worked, What Did Not." *SANDIA Report*, SAND 2018-8690.

Gian Gentile · Yvonne K. Crane · Dan Madden · Timothy M. Bonds · Bruce W. Bennett · Michael J. Mazarr · Andrew Scobell (2019). "Four Problems on the Korean Peninsula: North Korea's Expanding Nuclear Capabilities drive a Complex set of Problems." RAND Corporation.

Graham Allison (2018). "Nuclear Terrorism: Did We Beat the Odds or Change Them?" *PRISM* 7, No. 3, National Defense University Press.

Gregory F. Giles (2000). "The Islamic Republic of Iran and Nuclear, Biological and Chemical Weapon." Planning the Unthinkable: How New Powers Will Use Nuclear, Biological and Chemical Weapons, Cornell University Press.

Gregory F. Houston (2014). "Frederik willem De Klerk: The Pragmatic Peacemaker."

Hans M. Kristensen (2021). "North Korean Nuclear Weapons, 2021." *Bulletin of the Atomic Scientists*, Vol. 77.

Hymans E. C. Jacques (2006). "The Psychology of Nuclear Proliferation: Identity Emotions and Foreign Policy." *Peace Research: the Canadian journal of peace and conflict studies*, Vol. 38, No. 1.

IAEA (1989). "STATUTE".

James J. Przystup · Phillip C. Sanders (2016). "Charting a course: Choice for a New Administration." National Defense University Press.

John. M, Deutsch (1992). "The New Nuclear Threat". *Foreign Affairs*, Vol. 71, No 41.

Jonas Schneider (2020). "The Study of Leader in Nuclear Proliferation and How to Reinvigorate It." *International Studies Review*.

Kenneth N. Waltz (1979). "Theory of International Politics." University of California Berkeley, Addison Wesley Publishing Co.

Lee Sangsoo (2020). "U.S North Korea Denuclearization Negotiations: An Irresolvable Issue?" *FOCUS ASIA*.

Liang Tuang Nah (2014). "Applying the Lesson of South African Nuclear Disarmament to North Korea." *North Korean Review*, Vol. 10, No. 2.

Luciano Zaccara (2020). "Foreign Policy of Iran under President Hassan Rouhani's First Term (2013~2017)"

Maarfrid Braut-Hegghammer (2009). "Libya's Nuclear Intentions: Ambition and Ambivalence." *Center for Contemporary Conflict*.

Mark E. Manyin · Mary Beth D. Nikitin · Emma Chanlett-Avery (2021). "Nuclear Negotiations with North Korea." *CBS REPORT*.

Markus Schiller (2012). "Characterizing th North Korean Nuclear Missile Threat." RAND Corporation.

Mary Beth D. Nikitin (2021). "North Korea's Nuclear Weapons and Missile Programs." *IN FOCUS*.

Michael M. May (1994). "Nuclear Weapon Supply and Demand." *American Scientist*, Vol. 82, No. 6.

National Defense University (2018). "Institute for National Strategic Studies: Interim Research Work Plan Fiscal Year 2018."

_____ (2020). "NDU Korea Futures 2025 Symposium." *INSS EVENT REPORT*.

Nuclear Fuel (1993). "De Klerk Tells World Africa Built and Dismantled Six Nuclear Weapons."

Ottawa T Sanders (2017). "Existential Threats and The Militarization of Minor Powers: Why Leaders Choose to Pursue and Acquire Nuclear Weapons and Why Some Give Them up Whereas Others Do Not." Doctor of Philosophy, Indiana University.

Patrick R. Terrell (2017). "North Korean Collapse: Weapon of Mass Destruction Use and Proliferation Challenge." *The North Korea Instability Project USKI*, Johns Hopkins.

Peter Liberman (2011). "The Rise and Fall of the Africa Bomb." *International security*, Vol. 26, No. 2.

Phillip C. Saunders · James J. Przystup · David F. Helvey (2016). "North Korea 2025: Alternate Future and Policy Challenges." *INSS EVENT REPORT*, National Defense University Press.

Przemyslaw Osiewicz (2019). "Ideologizing and Fundamentalism in Iranian Foreign Policy under the Hassan Rouhani Presidency." *JEMEAA-VIEW*.

RAND Corporation (2019). "Bruce W. Bennett Interview." Seoul Korea.

Robert E. Kelley (1996). "The Iraqi and South Africa Nuclear Weapon Program." *Security Dialogue*, 27 No. 1.

Robinson M. (2019). "Nuclear Non-Proliferation and Disarmament." *The ELDERS*, Policy Paper.

Ryan W. Kort · Carlos R. Bersabe · Dalton H. Clarke · Derek J. Di Bello (2019). "Twenty-First Century Nuclear Deterrence: Operationalizing the 2018 Nuclear Posture Review." *JFQ 94*, National Defense University Press.

Sadaf Farooq · Saiqa Bukhari (2018). "Problem and Prospects of Non-Proliferation Regime." *JSSA*, Vol. 4, No. 1.

Segan D. Scott (1996/1997). "Why Do States Build Nuclear Weapons?" *International security*, Vol. 21, No. 3.

Shane Smith (2015). "North Korea's Evolving Nuclear Strategy." *North Korea's Nuclear Futures Series*, US-Korea Institute at SAIS.

Sharon A. Squassoni · Andrew Feickert (2004). "Disarming Libya Weapons of Mass Destruction." *CBS Report Congress*.

St John (2002). "Libya and the U.S, Two Countries of States." Philadelphia University of Pennsylvania press.

Tesi di Laurea (2004). "Libya Before and After Quaddafi: An International Law Analysis." *Corso di Laurea magistrale*.

Ubale Jibrin Yahaya (2019). "Libyan Politics and the Nature of Quaddafi Leadership style in Promoting Libya as a Nation." *Global Scientific*.

United States Department of Energy (2010). "Manhatten Project."

Vipin Narang (2014). "Nuclear Strategy in the Modern Era?: Regional Powers and Internative Conflict." Princeton NJ, Princeton University Press.

Waldo Stumpf (1995). "South Africa's Nuclear Weapon Program: From Deterrence to Dismantlement." *Arms Control Treaty*.

Waseem Ishaque · Aman Ullah · Jawad Shah Syed (2017). "Iranian Nuclear Deal: Challenge for Regional and Global Strategic Management." *Global Political Review*, Vol. 2, No. 1.

4. 신문기사 및 인터넷 자료

구자창. "김정은 "위험한 시도하면 정권 · 군대 전멸"… 윤정부 첫 협박". 『국민일보』. 2022년 7월 28일자.

김성완. "북한의 폐쇄성, 김정은 건강이상 설설설 부추겨… 외신의 관심도 한몫". 『천지일보』. 2021년 5월 5일자.

김성진 · 정영교. "미국 풍계리 핵실험장 복구 정황… 연내 핵실험 · ICBM 발사 가능성". 『중앙일보』. 2022년 3월 9일자.

김성훈 · 한예경. "김정은 무력도발 폭주 이익 침탈 땐 핵무력 결행". 『매일경제』. 2022년 4월 27일자.

김종하. "북한의 극초음속미사일 위협". 『세계일보』. 2022년 1월 14일자.

김효진. "우크라이나 전쟁 북한 핵 보유의 숨쉴 공간 줬다". 『프레시안』. 2022년 4월 11일자.

배한웅. "김정은 성격으로 본 통치스타일". 『경북매일신문』. 2020년 8월 25일자.

신나리 · 장관석. "베일벗은 '담대한 구상'… 윤 밝힌 비핵화 6가지 인센티브는?". 『동아일보』. 2022년 8월 15일자.

신융아 · 김헌주. "또 비핵화용어 논란… 한반도 비핵화, 북한 비핵화, 비핵지대화 차이점은?" 『서울신문』. 2021년 5월 26일자.

양승진. "미, '북 탄도미사일 도발 대응' 올해 첫 대북제재". 『시사주간』. 2022년 1월 13일자.

연합뉴스. "러시아 반대로 NPT 평가회의 결과문 채택 불발". 2022년 8월 27일자.

윤성민. "자유, 북 비핵화, 빠른 성장… 윤 취임사서 드러난 '국정기조'". 『중앙일보』. 2022년 5월 10일자.

최석진. "북한이 우크라이나 전쟁에서 보고 배우는 것들… '절대 핵무기 포기 안된다' 잘못된 신념 심화 우려". 『위키리스크 한국』. 2022년 5월 11일자.

KBS Special. "한반도 평화로 가는 길 1부: 핵을 넘어서". 2007년 1월 14일자.

VOA. 2020년 1월 16일자.

노동신문. 2012년 4월 16일자.

______. 2013년 4월 2일자.

______. 2021년 1월 6일자.

외무성 담화문. 2005년 2월 10일자.

조선중앙통신. 2021년 1월 13일자.

Afafel-Geblawi. "Libya signs Nuclear Research deal with France." Middle East on Line (16 Mar, 2006).

Austin Ramzy · Emily Cochrane. "Road to Talks Between U.S and North Korea Has

Been Bumpy." The New York Times (9 Mar, 2018).

ITAR-TASS. "Russia to Cooperate with Libya in Peaceful Uses of nuke energy." (12 Apr, 2007).

Laura Bicker. "Trump and North Korea Talk: South Korean Statement in Full." BBC News (9 Mar, 2018).

Schmitt Eric. "U.S. General Envisions Libya as Possible Ally." New York Times (27 Mar, 2004).

https://www.armscontrol.org

https://www.britannica.com/biography

https://www.cfr.org/backrounder

https://www.digitallibrary.un.org

https://www.en.wikipedia.org/wiki

https://www.iaea.org/newscenter/news

https://www.kr.usembassy.gov/110817

https://www/media.nti.org/pdfs

https://www.mofa.go.kr/eng/brd

https://www.m.terms.naver.com/entry.naver

https//www.namu.wiki/

https//www.naver.com/

https://www.nti.org/analysis/article

https://www.nti.org/countries/libya

https://www.nti.org/country profiles

https://www.nti.org/pelindaba treaty

https://www.nti.org/wp-content

https://www.rand.org/blog

https://www.wh.gov/iran_deal

정승기 鄭昇基

주요 학력

해군사관학교 졸업

해군대학 정규과정 졸업

한국해양대학교 대학원 졸업(경영학 석사)

한남대학교 대학원 정치언론국제학과 졸업(정치학 박사)

주요 경력

제1해병사단 대대장, 인사참모

제6해병여단 작전참모

대통령실 국방비서관실 행정관

해병대 연평부대장

해병대사령부 인사참모처장, 연습훈련처장

제1해병사단 참모장, 작전부사단장

사이버작전사령부 참모장, 작전센터장

합동군사대학교 교육지원처장

논문

핵포기 국가의 사례분석을 통한 북한 비핵화 적용방안(해양안보융합지, 2022)